KUWEI
酷威文化
图书 影视

Psychology for Busy People

给快节奏时代的简单心理学

[英]乔尔·利维 —— 著

曾宇翔 —— 译

四川文艺出版社

图书在版编目（CIP）数据

给快节奏时代的简单心理学 / （英）乔尔·利维著；
曾宇翔译 . -- 成都：四川文艺出版社，2020.2
ISBN 978-7-5411-5564-2

Ⅰ . ①给… Ⅱ . ①乔… ②曾… Ⅲ . ①心理学—通俗
读物 Ⅳ . ① B84-49

中国版本图书馆 CIP 数据核字 (2019) 第 264781 号

著作权合同登记号 图进字：21-2019-547

GEIKUAIJIEZOUSHIDAI DE JIANDAN XINLIXUE
给快节奏时代的简单心理学

[英] 乔尔·利维 著

曾宇翔 译

出 品 人	张庆宁
出版统筹	刘运东
特约策划	刘思懿
特约监制	刘思懿
责任编辑	叶竹君　周　轶
特约编辑	苟新月　申惠妍
责任校对	汪　平
封面设计	ABOOK—安柒然
封面插画	菇头呀

出版发行　四川文艺出版社（成都市槐树街2号）
网　　址　www.scwys.com
电　　话　028—86259287（发行部）　028—86259303（编辑部）
传　　真　028—86259306

邮购地址　成都市槐树街2号四川文艺出版社邮购部　610031
印　　刷　三河市海新印务有限公司
成品尺寸　145mm×210mm　　　开　本　32开
印　　张　5.25　　　　　　　　字　数　100千字
版　　次　2020年2月第一版　　印　次　2020年2月第一次印刷
书　　号　ISBN 978-7-5411-5564-2
定　　价　39.80元

目 录

Contents

导 论

什么是心理学？

心理学是研究心智的一门学科，但这一简单定义实际上涵盖了大量令人炫目的人类思维与行为领域，从脑与神经系统的生物学领域到探寻爱与愉悦的真谛。心理学也被称为"研究人类的科学"，因为它致力于通过科学的手段来研究构成人的要素。

这里的关键词是"科学"，其他的许多学科，例如哲学、历史和文化的研究，也致力于探寻相似或重合的领域，但心理学不同于它们，因为心理学致力于通过科学的手段来获得答案。

从这个意义上来说，科学指的是一门特定的哲学，一种揭秘知识的方法论。科学运用现象观察法将提出的假设转化为公式化的表达形式。

如对思维和行为等现象的观察，从而形成了用于解释事物为何及如何发生的模型或理论。这些假设进而派生了可通过实验手段进行检验的预测，而实验结果与这些预测之间的吻合程度又可用于证实或证伪原假设。

至少，上述内容是关于科学如何运作的构想，因此，它也是关于心理学如何运作的构想。但正如你接下来会学习到的，心理学并不总是这么直接明确。

心理学是一个庞大且宽泛的领域，存在着多种学科分类方式。例如，理论心理学（theoretical psychology）和应用心理学

（applied psychology）之间存在着差异；前者致力于探寻心理过程的理论及基本原则，而后者则力图将心理科学应用于现实生活中，如用于治疗心理疾病。

本书大致遵循常规教科书对心理学各分支学科的划分方式，主要涵盖了下述领域：

生物心理学（biological psychology），主要研究脑与神经系统（nervous system）的解剖学（anatomy）和生理学（physiology）特征。

认知心理学（cognitive psychology），主要研究思维、记忆（memory）和情绪（emotion）。

人际心理学（interpersonal psychology），主要研究人与人之间是如何相互联系的。

差异心理学（differential psychology），关注人与人之间的差异形式，如人格（personality）和智力（intelligence）。

社会心理学（social psychology），关注于群体的心理学（group psychology）。

发展心理学（developmental psychology），关注人是如何成长、变化和学习的。

积极心理学（positive psychology），关注愉悦（happiness）和幸福（well-being）的心理学。

变态心理学（abnormal psychology），关于心理障碍以及如何治疗它们的研究。

1. 你所需要知道的脑与心智

脑与神经系统

要理解心理学，我们首先要探寻其背后的科学，特别是有关脑的科学，认识神经系统的基本组成以及神经系统的基本类型，脑的分区以及这些脑区所对应的功能。一些经典的研究和历史上著名的个案揭示了脑组织结构与功能之间的联系，其中有一些还揭秘了这种联系中最为神秘的方面，如意识、睡眠和催眠。

神经元和神经系统

神经系统可分为中枢神经系统和周围神经系统。中枢神经系统包括脑和脊髓；而周围神经系统则是由脑神经、脊神经和自主神经组成。这些神经负责传递感觉和运动信号（神经冲动）。

中枢和外周神经系统都是由神经细胞（神经元）组成的。

通常来说，每个神经元都包含一个细胞体，而细胞体上有着许多向外投射的突起物。其中，大部分突起物是树突，这些树突负责从其他神经元中收集信息并将这些信息传回所属的细胞体中。树突中最长的一条被称为轴突，它在伸展至可与其他神经元的树突取得联系的范围前，最长能达到 1 米。大多数神经元的轴突都在外围覆盖有一层白色的脂肪鞘，叫作髓鞘，它主要作为一种加快神经信号传递速度的绝缘物。

自主神经系统

在你的身体中存在着一整套不受你的意识控制的神经系统。这就是自主神经系统，它主要负责调节诸如呼吸、肠道收缩、血管的松弛和收缩、流汗和毛发竖立等。

信号处理器和突触

神经元就像是一种微小且携带电荷的生物微处理器芯片。它通过树突来收集其他神经元传来的神经冲动，并在细胞体内进行加工，然后再通过轴突输出神经冲动。通过穿越细胞膜传输带电离子，就会在细胞膜的内部和外部之间形成电位；如果神经元接收了足够多的输入，就会触发细胞膜的变化，导致电位沿着轴突快速向外传导。这一过程将会产生不断游移的电冲动，即神经信号。

神经信号会通过突触在神经元之间传递。神经信号是指神经元的信息输入和输出。而突触则是指该神经元的轴突与另一神经元的树突相连接的部位，轴突与树突之间的细微间距被称为突触间隙。

当一个神经信号被传递至轴突的末端时，神经递质（装有特定化学物质的小袋子）就会在突触间隙中释放出携带的化学物质，此时另一端的受体蛋白质就会接收这些被释放的化学物质。

如果作为接收者的神经元树突和其他附属树突都接收到了足够多的化学信号，那么这个神经元就会产生自己的电脉冲，并开始散布神经信号。

不同类型的神经元释放不同的神经递质，或者说不同的神经递质作用于不同的脑区，亦或者说不同的神经递质可对同一神经元产生截然不同的影响。一些神经递质会让神经元变得兴奋，而另一些则会对神经元起抑制作用，使受影响的神经元不那么容易达到兴奋状态。神经递质对控制大脑的处理过程起着至关重要的作用。通过改变神经递质在大脑微妙的平衡状态，如使用医学性或消遣性药物，就能够对心境、动作控制、知觉、记忆，甚至对意识产生影响。

例如，神经递质 5- 羟色胺在调节情绪及心境方面起着主导作用。5- 羟色胺水平在一天甚至一年四季中都在发生着变化，它受到所摄取的物质的影响，服用诸如百忧解（Prozac）之类的抗抑郁药物（antidepressants）或摇头丸（Ecstasy）等都能改变5-羟色胺水平。

解剖大脑

中枢神经系统包括脊髓、脑干、小脑和大脑。

脊髓收集外周神经系统中通过感觉神经元和反馈神经元传回的神经冲动，并向这些神经元传递信号。脊髓可以完整执行一些神经功能，如当一个小锤子敲击膝盖下方肌腱时会表现出膝腱反射，但大部分神经功能的执行仍依赖于大脑所接收和反馈的信号。

脊髓从颅骨底部一路延伸至大脑最原始的部位——脑干。

脑干控制着身体的潜意识过程，如呼气与吸气、清醒与睡眠的转换。所有大脑和躯体间往返的神经信号，都经过这一区域。

小脑位于大脑底部，它负责控制平稳、协调而平衡的运动所必需的复杂神经元放电程序。例如，你可能有意识地使用大脑中更高级的脑区来做出行走的决定，但实际上，执行相应的神经过程的是小脑。

大脑就是人们常说的"脑"。你的所有高级心理功能都寄居于此处，如思维、记忆和语言，这里也是意识的所在地。大脑的表层（大脑皮质）有很深的褶皱和裂缝，以至于它看起来就像个核桃。这种大范围的褶皱现象使得大脑的表面积大大地增加。

夹在大脑和脑的更下方部位之间的是"中间"结构，联系着大脑的意识过程与脑干的潜意识过程，这部分结构包括丘脑、下丘脑和边缘系统。它们参与调节人格中的"动物性"，譬如你的情绪、恐惧和基本驱动力（如饥饿、饥渴和性欲）。它们也参与到学习和记忆的过程中。

右脑，左脑

大脑可以被一分为二，这就是我们常说的大脑左半球和右半球。尽管在解剖学层面上它们是几乎完全相同的，并且常常协同运作，但它们在角色定位上存在着一些差异。对于多数人而言，左半球负责主导语言、逻辑和数学能力等，而右半球则支配着情绪、艺术和空间推理等。这两个脑半球各自负责控制对侧身体的感觉和运动功能，但大部分人的左脑都在运动控制方面更占优势，因此大部分的人都是右利手。

我们通常很难意识到它们在角色定位上的差异，这要得益于胼胝体。它是像桥梁一般连接着左右脑半球的神经纤维束，相当于一条往返传输信息的高速公路。左右脑半球间的信息传输速度是如此之快，以至于它们运作起来如同一个单一整体。

» 单侧忽略症——只能看到半卷故事

因中风、受伤或手术而导致脑的某一半球意外受损而另一半球仍能正常运作。这类患者会表现出一种名为单侧忽略的症状，即他们似乎无法感觉或思考身体对侧的空间信息。具体症状包括患者在画钟面时会把所有数字都画在某一半侧，只刮半边脸的胡子，只吃完盘子中某半侧的食物，即便还没吃饱（如果转动盘子，患者就会开始吃另半侧的食物），甚至还会出现不能识别患侧肢体的情况。

脑叶

每侧大脑半球都可以被分为四个脑叶，即额叶、颞叶、顶叶和枕叶。

额叶位于大脑的前侧，负责最具"智慧"的功能，如短期计划、长期规划、策略、意志和自我控制等。它还包含了随意肌控制的主要区域、运动皮层和一些语言控制区域。

颞叶位于大脑两侧，主要参与听觉、嗅觉和语言理解。发生在这一脑区部位的障碍（如癫痫）常与惊恐感有关，如感受到威胁的存在或听到超自然声音。

顶叶横跨大脑顶部，涵盖了感觉皮层（在这里能有意识地感受到从身体不同部位接收的信息）的主要区域。

枕叶位于大脑的后部，主要与视觉有关。

一个重要的问题是，我们是如何得知大脑不同部位的功能的？作为专注于神经系统及大脑结构与其功能间关系的一门心理学分支学科，神经心理学所优先关注的一个焦点便是将大脑功能定位于相应的大脑结构。

现今，研究者们使用先进的大脑扫描和成像技术，来观察处于不同思维活动进行或结束后的活体大脑的情况。在过去，研究者们只能研究死者的大脑，并将调查结果与死者临床病史上所看到的内容联系起来。菲尼亚斯·盖奇（Phineas Gage，1823—1860）就是其中的一个早期著名案例，他被一根铁棍扎穿大脑后仍奇迹生还。

一些脑区是在神经学家发现了这些脑区的受损与病患的特异性损伤间的联系后才被命名的。例如，一位德国医生兼精神科医师卡尔·维尔尼克（Carl Wernicke，1848—1905）发现病患在某一脑结构受到损伤（如中风）后会失去关联语言和意义的能力，这就是我们现在所熟知的维尔尼克区。这会导致一种像"词语大杂烩"一样的症状，即病患发出一堆杂乱无章的声音，它们听起来很像某种语言，但实际上并不具有语义。法国医生保罗·布洛卡（Paul Broca，1824—1880）发现另一个大脑结构的损伤会产生与上述情况相反的症状，即病患能够理解语言，但却不能做出讲话的动作，这一脑区随后被命名为布洛卡区。

与定位密切相关的脑区有运动皮层和躯体感觉皮层。它们是在额叶和顶叶边界之间的带状皮层①。这些带状皮层的不同部位主管身体特定部位的运动控制或者感觉，因此要绘制一幅地图来表示身体各部位与大脑表层上各点间的直接关系是可行的②。然而，许多（也可能是绝大部分）认知功能都不能十分精确地定位于大脑的特定部位。我们说这些认知功能是"分散式"的，是因为它们的中介机制遍布于脑的不同部位。

脑的功能测绘

菲尼亚斯·盖奇是一位铁路工头，他在1848年遇到一场爆炸，一根铁棍扎穿了他的头。他的主治医生约翰·哈洛（John Harlow）称这场意外彻底改变了盖奇的人格。他从一位可信赖、尽责、心智健全的人员变成了一个口无遮拦、冲动行事的酒鬼，他的智力和动物习性间的平衡似乎被彻底毁坏了。

哈洛将盖奇的人格剧变与其额叶受损的事实联系起来，而这一个案也变成了一块试金石，证明了特定脑区掌握人体特定

---

① 运动皮层是位于额叶最后端的长条状脑区，而躯体感觉皮层是位于顶叶最前端的长条状脑区，两者紧挨在一起，从侧面看来就像小女孩常佩戴的头箍一样。（若无特别说明，此后均为译者注）

② 1950年，潘菲尔德和拉斯穆森共同绘制出一幅名为《小矮人模型》的人类感觉区和运动区的大脑皮质机能定位图。见《心理学（第三版）》，丹尼尔·夏克特/丹尼尔·吉尔伯特/丹尼尔·韦格纳/马修·诺克著，傅小兰等译，华东师范大学出版社2016年出版。

功能的研究努力是有价值的。哈洛的报告似乎论证了额叶控制着我们现在常说的"执行能力"，即短期计划、长期规划、自我控制和对"动物本能"的抑制能力。

盖奇的个案可能无法支撑对其进行解释的理论，因为他的大脑受损所造成的影响是很难被精确证明的。尽管如此，盖奇仍作为经典个案被教科书频繁引用，而在心理学逐步发展出"心智是一种可直接定位于大脑相应部位的生物学现象"的唯物主义核心论点的演变过程中，他也是一个不可不提的重要人物。

意识、睡眠、梦和催眠

人类意识包括觉知、主体性和自我意识，但它的确切含义取决于所讨论的学科背景。这些学科背景涉及生理学范畴（昏迷、睡眠和清醒状态间的差异）和哲学范畴（人类的意识、动物的意识和机器的意识间的差异）。

在上述的各学科背景中常可以看到不同的意识定义、意识水平和意识类型。在这里只举一个例子，美国哲学家内德·布洛克（Ned Block，1942—）于1998年区分了现象意识和通达意识。现象意识指的是对现象本身的直接体验，而通达意识指的是对个体在意识层面上所通达的内容的直接体验，如注意的内容本身。它们往往是同时发生的，但也不总是这样，也就是说人们只有在钟鸣声响起后才开始意识到时钟正在报时，但他们随后往往能说出自己已经听到了多少声钟鸣。

唤醒和警觉

要理解意识是什么，可能一个最简单易懂的方法就是先弄清楚清醒状态和睡眠或神志不清状态（无论是由麻醉或是由头部受重击所造成的）间的差异。当人们处于麻醉状态时无疑是不省人事的，那么睡着的人呢？神经心理学家将其间的差异重新描述为是否处于"唤醒"状态，这是基于对脑和身体活动的生理测量层面而言的。这些生理测量包括心率和呼吸频率以及用脑电图记录仪测得的脑电活动。从这个意义上来说，唤醒还有另一个术语"警觉"。

警觉主要可分为两种类型，阶段性警觉和常规性警觉。

阶段性警觉是一种短期的警觉状态，例如当你发现威胁正在向你靠近时，你会体验到觉知水平、注意力集中水平和全身性反应水平的提高。

警觉（或者说唤醒）为意识指向重要的新异刺激提供了方向。如果刺激仍持续存在或重复出现，你就会逐渐习惯它的存在，或开始对它感到适应。此时，阶段性警觉就会渐渐平息下来。这有助于避免将身体和心理的能量浪费在恒定的刺激上，从而使得你可以保存更多的能量以应对潜在的新刺激。

常规性警觉描绘了内部唤醒水平的持续变化，如一天的进程中出现的内部唤醒水平的变化，包括了你从睡眠状态逐渐过渡到清醒状态，以及经历睡意袭来或其他使唤醒水平降低的变化周期。

常规性警觉主要受脑干中一个名为"网状激活系统"的部位的电活动控制。

如果在某一动物的网状激活系统下方切断脑干，它将会瘫痪，但其在警觉、睡眠和清醒等方面仍将保持正常。如果在网状激活系统上方切断脑干，那么这个个体将会陷入持续性的深度睡眠中。

睡眠

睡眠则是另一种不同的状态，个体的意识仿佛被按下了暂停键，因而几乎无法（但也不是完全不能）对外部世界做出响应。这并不同于休息状态，因为个体处于睡眠状态时，肌肉是松弛的且新陈代谢速率会下降，当使用像脑电图记录仪这样的大脑活动测量技术检测时能看到典型的变化。

睡眠心理学家所谈论的睡眠五阶段包括一个被称为"快速眼动期"的睡眠阶段，以及四个"非快速眼动"睡眠阶段。通常来说，你将依照下列顺序，过渡到不同的睡眠阶段。

从清醒状态过渡到睡眠状态，也被称为入睡阶段，这是指你在合上双眼后脑电活动发生变化的阶段。脑电活动表现出循环周期的特征（脑波），并且这些循环周期从相对高频的 β 波变为相对更低频的 α 波，这是处于放松状态下的典型特征。

非快速眼动睡眠阶段Ⅰ：α 波变为低频的 θ 波，眼球缓慢地转动，心率减缓且肌肉开始进入松弛状态。你很容易在这个阶段转入清醒状态。

非快速眼动睡眠阶段Ⅱ：从脑电图记录仪的读出器上可观察到，此时的大脑活动中会出现时长 1~2 秒的名为睡眠纺锤波的爆发活动。你在这个阶段仍然很容易转入清醒状态。

非快速眼动睡眠阶段Ⅲ：出现非常低频的 δ 波，你的血压、体温和心率都在下降，而且你将不能对外部刺激做出响应并很难转入清醒状态。

非快速眼动睡眠阶段Ⅳ：当你进入到深度睡眠（或称 δ 睡眠阶段）时，δ 波成为主要的大脑活动，进入到此阶段需要花费约半小时的时间。随后你将有半小时处于深度睡眠阶段，在这个阶段你很难转入清醒状态，并且会逐步经历上述阶段的循环往复。但接下来你将进入到一个全新的睡眠阶段（即快速眼动睡眠阶段），而不是重新回到非快速眼动睡眠阶段Ⅰ。

快速眼动睡眠阶段，也被称为活跃的睡眠阶段，此时的大脑和处于清醒状态时的一样活跃，眼球四处转动着而身体的其余部位则处于麻痹状态。心率和呼吸频率加快，血压升高，以至于熟睡中的你在生理层面上表现得极度活跃，然而要想叫醒处于这个阶段的你是非常困难的。这一阶段又被称为"异相睡眠"阶段。绝大多数的做梦现象都发生在快速眼动睡眠阶段。

这些不同睡眠阶段的功能，以及睡眠在通常情况下的功能，仍是有待进一步研究探讨的问题。没有一个理论能单独解释所有的事实。例如，如果睡眠只是为了保存能量，为什么还会存在一个消耗的能量和清醒状态时一样多的快速眼动睡眠阶段呢？

» 若隐若现的潜伏者

从清醒状态过渡到睡眠状态的阶段叫"入睡"阶段，而从睡眠状态过渡到清醒状态的阶段叫"半梦半醒"阶段。这些状态伴随着奇怪的感觉、知觉甚至幻觉，例如感觉到不知名生物的存在（且常为恶毒的实体），或者是听到一些声音。这可能与颞叶处的大脑活动增多有关。众所周知，颞叶是与上述知觉有关的大脑皮层部分。超自然体验大多发生在人们正要睡着或醒来的时候可能并非偶然。

梦

尽管心理学家或多或少知道点人们是如何做梦的，但要解释清楚人们为什么要做梦就要难得多了。那么我们能说出些什么呢？

成年人一晚上通常会做 4~6 个梦，每个梦持续 5~30 分钟。

十岁以下的儿童实际做的梦要少于成年人。

此外，只有极少部分的梦是在事后能够回想起来的，但我们的确知道梦通常有着强烈的情绪性内容，其中的绝大部分常与消极情绪（如焦虑）有关。

绝大多数的梦出现在快速眼动睡眠阶段期间，在此期间，身体会消耗大量的能量，这也就意味着做梦必然可以带来某种效益（用进化的术语来说），而进一步巩固了这一推论的现象就是"快速眼动反弹"。

如果故意剥夺人或动物的快速眼动睡眠就可能演变为快速眼动睡眠不足，他们在下次睡觉时会花费更多的时间在快速眼动睡眠阶段上，以补偿此前缺失的快速眼动睡眠。

快速眼动睡眠阶段，以及根据推测可能作为其显著特征的做梦现象，毫无疑问都是睡眠过程中特别重要的组成部分。然而，想要证明其功能和效果是非常困难的一件事。

在古代，人们认为梦的一个主要功能是可作为治疗的手段，而直至今天，在众多心理学家的眼中，梦仍具有着相似的效果。例如，继西格蒙德·弗洛伊德（Sigmund Freud，1856—1939）

提出梦是"通往潜意识的康庄大道"①的观点以来，精神分析学派将梦视为一种心理沙盘。

弗洛伊德主张被压抑的恐惧与欲望，以及其他潜意识中的内容，都被允许出现在梦中并释放。精神分析学家相信，这一过程很重要，因为它为探明并解决病患的冲突及焦虑提供了可能性。然而，由于人们只能记住极少的梦，将梦作为媒介用于心理健康服务的可能性很小。

我们所熟知的认知心理学取向则认为心理过程更近似于电脑加工过程，并指出做梦（通常是指在睡眠过程中发生的）能促进学习和记忆就是一个证据。有关做梦的认知理论的内容包括梦在预演和整合知识及记忆方面所发挥的作用，以及它们在"清空"废旧和非现存的记忆方面的作用。

催眠

催眠这一术语来源于希腊语"hypnos"，意为"睡眠"。这反映了早在它被认为是梦游症（睡行症）时，人们就对这一现象开展了早期研究。

最早使用梦游症这一术语的是马基·德·皮赛居尔（Marquis

---

① "通往潜意识的康庄大道"是指梦是深入理解潜意识心理机制的最佳途径之一。（作者注）

de Puységur，1751—1825），他是维也纳医生安东·麦斯麦（Anton Mesmer，1734—1815）的追随者之一。麦斯麦能诱使他人进入改变的意识状态，也就是广为人知的"麦斯麦术"[①]现象，麦斯麦本人将其"力量"归因于他称为"动物磁力"的一种物理力。

皮赛居尔对被称为"磁力睡眠"（麦斯麦术的副作用之一）的现象特别感兴趣，处于这一状态的人们会表现得像梦游者，被动、易受影响且处于一种精神恍惚状态。随后，苏格兰医生詹姆斯·布雷德（James Braid，1795—1860）重拾起皮赛居尔对梦游症的研究，他最早创造了"催眠"这个术语，他最终将对这一现象的研究从物理领域转入心理领域[②]。

催眠似乎提供了某种通往截然不同的意识状态（或类型）的途径。弗洛伊德就曾尝试将其作为精神分析学派的工具用于治疗中，并且有许多声音聚焦于催眠在促进回忆、控制行为、解决心理问题和增强心-身交互作用（如可以对血压、血液循环和痛觉进行心理控制）方面的功效上。然而，在催眠的基本原理问题上仍充满着争议。法国在 19 世纪晚期出现了两大持有相反观点的学派，而他们间的争论至今仍没有结果。

精神病学先驱皮埃尔·让内（Pierre Janet，1859—1947）

---

① 麦斯麦术（mesmerism），也被称为"催眠术"。

② 麦斯麦声称其磁力疗法最早源于其医学博士学位论文《论行星对身体的影响》的研究成果，其中大量内容引自牛顿的同事的工作，因此从麦斯麦术涉及的磁力和行星引力等理论概念出发，催眠最早是属于物理领域的研究。

提出催眠会诱发一种特殊的意识状态，表现为出现某种程度的意识分裂，即心智或人格的某些部分"陷入沉睡"而其他部分则持续运作着。这仍然是催眠研究中最广为流行的观点，但它开始处处受到挑战。

希波莱特·伯恩海姆（Hippolyte Bernheim，1840—1919），他是南锡[①]的一位医学教授，他说催眠并没有什么特别之处，它只不过是一种涉及暗示及易受暗示性的正常心理过程而已。这一关于催眠的"非状态性"理论发展为另一种新观点，将催眠视为一种发生在催眠师和被催眠者之间的心照不宣的角色扮演（催眠师和被催眠者可以是同一个人）。

研究结果也破除了许多有关催眠的主流观念。催眠并不能改善回忆，并且把它用于"恢复"记忆是错误且具有潜在风险的。人们在违背其意志的情况下是无法被催眠的，并且处于催眠状态下的个体不受催眠师的控制。

情绪

我们在描述大脑结构时常依据其进化"水平"，像边缘系统和脑干这些位于更深、更下方位置的结构被认为是大脑中"原始的"或"动物性的"部分。与此类似的，这些大脑结构的功

---

① 南锡（Nancy），是一座位于法国东北部的城市。

能也被置于认知层级中更底层的位置。本能、驱动力和情绪被认为是我们心理中动物性或原始的部分。

感觉器官负责将有关外部世界的信息供输给大脑，而首先对这一感觉刺激进行加工的过程就发生在像丘脑这样的大脑结构中。这是对那些特别值得注意的、突出的且具有潜在重要性（危险的或有利的）的刺激进行显著性"评分"的部位。丘脑连接着"杏仁核"①并由此延伸向大脑皮层。在大脑皮层上，更高级的加工过程会进一步梳理这一感觉输入信息的精细细节，但与此同时，情绪性反应也已开始出现在行动中。

这些情绪性反应是什么？情绪有三大构成要素，主观经验，包括感受、思维和记忆；内因变化，即包括自主神经系统和负责调节激素的内分泌系统在内的生理变化；与此相联系的行为。但这些构成要素是以怎样的顺序相继出现的呢？并且，孰为因？孰为果？

» 总共存在多少种情绪？

因为心理学自建成之日起就是一门科学，心理学家已尝试对

---

① 杏仁核（amygdala）是大脑中的一个小小的杏仁状器官，它位于脑干的上方。（作者注）

情绪进行分类并一一列举。其中最具影响力的成果是美国心理学家保罗·埃克曼（Paul Ekman，出生于 1934 年）的研究工作，他开展了一系列跨文化研究，以调查人们对印有面部表情的照片的识别和反应。他据此识别出六种基本情绪，包含快乐、厌恶、惊奇、悲伤、愤怒和恐惧①。另一位美国心理学家罗伯特·普拉特切克（Robert Plutchik，1927—2006）绘制了一个排列着四对相反的基本情绪的情绪轮，快乐／悲伤，厌恶／接受，恐惧／愤怒，惊奇／期待，外环上则标注着更复杂的次级情绪。

我们感觉到开心是因为我们微笑的动作吗？

在我们的常识性观念中，情绪应该是指某事物使我们感到快乐、悲伤或愤怒，并且随后我们的身体会做出相应的恰当反应。换句话说，心理状态触发了生理性的、全身性反应。但两位心理学界的先驱者，美国心理学家兼哲学家威廉·詹姆斯（William James，1842—1910）和丹麦医生卡尔·兰格（Carl Lange，1834—1900）各自独立提出了一个颠倒上述顺序方向的理论。这就是著名的詹姆斯 - 兰格理论（James-Lange theory）。这一理论认为对情绪的主观性感受实际上是由生理反应及行为

①　事实上，埃克曼提出了七种基本情绪，轻蔑、快乐、厌恶、惊奇、悲伤、愤怒和恐惧。原著遗漏了"轻蔑"这一项。

引起的。要使用我们更高级的机能解读本能的全身性反应只能在事情发生之后进行，或者正如詹姆斯所说："我们因哭泣而感到歉意，我们因挥拳而感到愤怒，我们因战栗而感到害怕。"

批评家指出詹姆斯 - 兰格理论只有在每种情绪状态都对应着特定且不同的生理唤醒模式的情况下才能成立。但在实际生活中情况却往往并非如此。不同的情绪状态之间往往有着大致相似的生理唤醒模式。例如，愤怒和恐惧这两种情绪状态都与心率加快、血压上升、瞳孔扩张、呼吸急促、流向肌肉的血液增多有关。

1962 年，美国心理学家斯坦利·沙赫特（Stanley Schachter，1992—1997）提出了一个认知标签理论（cognitive labelling theory），即当生理唤醒作为情绪体验的起点时，情绪的实际性质取决于人们是怎样为这一生理唤醒贴标签的。

2. 你所需要知道的记忆与思维

思维、记忆和语言是心理学家称之为"认知"的各种形式。认知应成为心理学重点关注的主题，这一点似乎是显而易见的；但在某些方面，认知又对心理学声称自己是对心智的科学研究主张构成了存在性威胁。我们究竟如何才能真正了解某人的头脑内部正发生着什么呢？哪怕是自己的思维过程，我们是否又能真正理解？

研究心智内部

1879 年，德国医生威廉·冯特（Wilhelm Wundt，1832—1920）在莱比锡大学建立了实验心理学的研究机构，心理学作为一门独立的科学诞生了。冯特用"内省法"回应了对心理学"主观性"（即认为要客观地观察他人的思维是不可能的事）的质疑，这是一种让个体尝试客观地报告自身思维过程的技术。

冯特相信能将足够科学的心智训练成客观冷静且能达到科

学上要求的精确性的观察者，以对自身内部的运作方式进行观察。美国心理学家约翰·华生（John B. Watson，1878—1958）在他1913年的宣言《行为主义者眼中的心理学》中，向这一方法的基本谬误发起了猛烈进攻。①

华生争论道，用科学的方法对心理的内部工作方式进行研究是不可能的。唯一符合科学规范的研究必须是对那些可观察的事物（也就是行为）展开的研究。于是人们开始称这一心理学学派为"行为主义"。随后的几十年中，它始终在研究思维的各学派中占据着主导地位，但一些研究者早就给出了证据证明要深入洞悉认知是有可能的。随着这些种子进一步生根发芽就逐渐发展成了今天所说的"认知心理学"。认知心理学取向将机智的实验方法与信息加工模型相结合。这一模型基于20世纪40年代以来兴起的计算机科学的概念，将心智视为一个对输入信息（如知觉刺激或记忆）进行加工以产生输出信息（认知和行为）的处理单元。

小阿尔伯特

行为主义遭到了批评，因为它变得越发像教条而非科学，一个可阐明这一点的例子是心理学研究史上最臭名昭著的事件之一。

---

① 即心理学史上著名的"行为主义运动"。

　　约翰·华生最为著名的实验就是"小阿尔伯特"经典条件反射研究，这一实验的灵感来源于俄国科学家伊万·巴甫洛夫（Ivan Pavlov，1849—1936）及他所做的实验。巴甫洛夫的实验表明狗能够形成经典条件反射（通过训练或教导而习得），以致像摇铃声这样的一个中性刺激也能使它们分泌唾液。华生想要证明这里面的一些过程可以被应用在人的身上，于是进行了一个在现在看来存在着伦理争议的实验——他打算让一个 9 个月大的婴儿形成经典条件反射，这位小婴儿就是后来广为人知的"小阿尔伯特"。

　　华生声称要让阿尔伯特形成将白鼠和令人不快的惊吓（一声巨响）联系起来的经典条件反射，以至于这可怜的孩子只要一看到老鼠或其他白色的毛茸茸物（包括小白兔、圣诞老人帽，甚至还有华生的胡须）就做出痛苦的反应。随后有消息透露称小阿尔伯特的真实姓名叫道格拉斯·梅里特（Douglas Merritte），他因为脑积水而患有认知功能障碍，于 6 岁那年病逝。这似乎解释了华生选择道格拉斯作为被试的原因是这个男孩不太可能对像老鼠这样的刺激表现出一种先存反应，而这是一个可使研究无效的混淆变量。华生在小阿尔伯特研究结束后继续发展他的职业生涯，尽管他知道这一研究存在着缺陷。

集中注意力

最直接和明显的认知（和意识）表现形式就是你在任何特定时间下所思考或聚焦的内容。注意是意识的核心，同时也是认知心理学家经常使用的一个术语，它常被用于替换更为宽泛同时也更难解释清楚的意识概念。

追随耳

1953年，声学工程师科林·彻利（Colin Cherry，1914—1979）设计了一个具有独创性的实验来探讨人们如何注意到他们所听到的内容，以及同时有多股或多通道信息输入时会发生什么。这在一些像空中交通管制这样的职业领域中具有重要的实践应用价值，在空中交通管制行业中，管制员需要过滤无关的声音／话语并只聚焦于最重要（或最突出）的信息。

在这一实验中，彻利的被试[①]所戴上的耳机会向每只耳朵输入不同的听觉信息。他要求他们只注意其中一只耳机传来的信息，以确保他们把所有的注意力都聚焦在一个通道上，被试会被要求"追随"他们所听到的话语并大声地跟着复述听到的内容。

---

① 被试指心理学测试或实验中接受测试或实验的对象，可产生或显示被观察的心理现象或行为特质。

随后他们要接受测试，以了解他们是否从另一只耳机所播放的内容中获悉了什么信息。

结果表明被试几乎无法报告任何出现在非注意通道上的内容，尽管他们能够回答出这些信息是由词汇还是仅由音调构成的，并且还能报告出说话人的性别。他们没有注意到说话人使用的语言类型、这些信息是否以颠倒的顺序播放，甚至没有注意到是不是重复播放着某一单词。

1958 年，英国心理学家唐纳德·布罗德本特（Donald Broadbent，1926—1993）受这类研究的启发构建了一个大脑接收并处理信息的认知加工过程模型。他用标有方框和箭头的流程图（后逐渐演变成认知心理学中常用的概念化范式）来表现听觉信息输入所涉及的多种通道，其中注意"模块"作为过滤器负责挑选出最为突出①的信息，这些信息随后会传至大脑皮层以参与更高级的加工过程。

在布罗德本特的模型中，除了输入的信息显得最为突出的通道外，其余通道都会遭到拦截，但这也意味着它并不能解释这一领域中的一种广为人知的现象，这一现象曾鼓舞了彻利的原创性研究即鸡尾酒会效应②。这一模型的修正版本加入了其他

---

① 根据布罗德本特的早期研究，过滤器并不是依据信息的内容而是依据信息的物理特征做出选择的，因此，此处指的"突出"是针对信息的物理特征而言的。

② 鸡尾酒会效应，是一种人们能过滤掉背景噪声而聚焦于某一声音的现象。（作者注）

加工过程阶段，让局部过滤器兼容前意识和潜意识，这类情况是解释鸡尾酒会效应时必须要用到的。

» 看不见的大猩猩

1959 年开展的一项实验表明几乎有三分之一已看过预告片的电影院观众没有注意到有一位打扮得像幽灵一般的男子正在穿过舞台。1999 年，丹尼尔·西蒙斯（Daniel Simons）和克里斯托弗·查布利斯（Christopher Chabris）进行了一项升级版的实验。他们在这项实验中要求被试观看一场篮球比赛的视频录像并数一下两个球员之间的传球次数。在这些全神贯注于特定任务的被测试人群中，大约有半数人没有注意到当比赛进行到一半时有一个打扮得像大猩猩一样的人正穿过球场。这一"看不见的大猩猩"似乎证明了一种被称为"非注意盲视"的现象，即只有当我们注意到这些事物时，它们才能被我们有意识的心智"看见"。

记忆的基础

记忆是一种记住学习内容和经验的能力。这是构成人类心理的核心基本要素之一，它也是人类全部成就的基石。英国神经生物学家科林·布莱克莫尔（Colin Blakemore, 1944—）指出，没有记忆，"可能就不会出现语言、艺术、科学、文化了。文明本身就是人类记忆的精华"。

大脑结构和记忆

记忆涉及存储和回忆，并且大部分大脑结构都会在某一时刻参与到这两个加工过程中。这些重要的脑区包括位于脑干顶部的丘脑。

丘脑，作为一个对输入的感觉刺激进行早期加工和整合的节点。它是信息抵达大脑前所必须途经的第一个端口，并且它也负责整合有着不同来源的信息，将信息传递给相应的大脑结构。作为输入的感觉信息所必经的大门，丘脑可能在感觉登记[①]的运作过程中起着重要作用。

海马体属于边缘系统的一部分，它在记忆的许多不同方面都发挥着重要作用，如通过训练习得新的技能、学习新的事实以及识别面孔和地点。它对名为"短时记忆"（或"工作记忆"）的记忆类型有着特别重要的意义。

杏仁核在产生情绪方面起着重要作用，并且在形成记忆的过程中，依据情绪的显著程度和情绪的内容给记忆贴标签方面也发挥着重要作用。

大脑皮层被认为是存储着记忆的场所，尽管这一存储过程

---

① 感觉登记，又称为"感觉记忆"。不同种类的感觉信息对应着不同类型的感觉登记，对这些感觉信息的登记统称为"感觉记忆"，感觉记忆负责存储已经过编码的感觉信息。

的具体细节很可能是高度复杂而微妙的。在 1960 年前，人们假定特定的记忆必须借由特定的神经元网络而被表征在大脑皮层的特定部位，以至于可以通过切除一段记忆在大脑皮层上的物理踪迹来有效删除这段记忆。在 20 世纪 60 年代，人们对正进行大脑外科手术的病患开展了一项研究。当大脑的表层（大脑皮层）暴露于空气中时，每位病患在手术过程中都仍保持着意识清醒的状态。通过使用微型电极来刺激大脑皮层，外科医生能够触发记忆，但出乎他们的意料的是，他们也发现通过广泛地刺激不同的点状区域能触发相同的记忆片段。这一研究发现进一步发展为"分布加工模型"[1]，它假定表征记忆的神经元网络并不止局限在一处点状区域上，而是分布在大脑皮层的各个角落以及大脑的其他部位。

普里布拉姆的全脑理论

1969 年，奥地利 - 美国神经外科医生兼神经病学家卡尔·普里布拉姆（Karl Pribram，1919—2015）进一步将分布加工模型提炼为"整体性的"大脑模型，即将大脑中的记忆视为全息图（holograms）一样的存在。在一张全息图中，记录原始影像的

---

[1]　分布加工模式，全称应为"平行分布加工模型"，又被称为"联结主义"或"神经网络系统"。

方式完全不同于常规的照片。尽可能放大常规照片的每一部分，它的清晰度会有所下降。

普里布拉姆提出记忆在大脑中的存储方式与影像存储在全息图中的方式是类似的。因此，一段记忆被存储在大脑的一整片区域上，并且在这一整片区域上的任何部分都能被用于重现这段初始记忆，尽管在回忆时仍需要激活整片区域以保证提取的内容具有最高的清晰度。因为普里布拉姆提出了每段记忆都是一张张各不相同的全息图（因此大脑包含了多重全息化区域），这一模型也被称为"完整的"而不仅仅是"全息的"。

普里布拉姆的理论解释了大脑损毁的部位如何导致了随后记忆的衰退而非全然丧失，如衰老或饮酒造成的大脑损毁，并且解释了我们为什么有时只能模糊地记得一些场景或情景，而不是只能清晰记住场景中的一部分同时完全忘记其他部分。然而，反过来说也可能是对的，你可能真的想不起第一次到海滩玩的任何细节了，但初次尝到的冰激凌的味道是你完全能清晰记起的。因此普里布拉姆的理论不一定能解释全部情况。

记忆模式

"模态模型"[1]是最重要也是最具影响力的记忆模型之一。根据模态模型，有三大记忆基本类型（或称模式），包括感觉登记、短时记忆（又名"工作记忆"）以及长时记忆。

感觉登记

感觉登记器是一种参与心理过程的清算所[2]，它存储着首次抵达大脑的信息。感觉登记器在心理过程中的作用等价于计算机的闪速存储器。

每一种感觉模式都有自己对应的感觉登记，并且不同类型的感觉登记器有着全然不同的存储特性，但它们都只能将信息暂存较短的一段时间。

例如，视觉登记器只能存储影像[3]不足半秒。而存储在听觉登记器的信息被称为"声像"。

感觉登记的作用就好比一个缓冲器，只能在前意识层面暂

① 模态模型（modal model），是由阿特金森（Richard Atkinson）和谢夫林（Richard Shiffrin）提出的经典记忆模型，因而又被称为"阿特金森-谢夫林模型"。它曾经是记忆研究领域的主导模型，但现在由于"工作记忆"概念模型的兴起，影响力已大不如从前。本书接下来的内容主要是基于模态模型的理论框架展开的。

② 清算所，是伴随期货交易的发展及标准化期货合同的出现而生的产物，在交易过程中，清算所既是所有期货合同的买方，也是卖方，因而与交易双方都发生关系。

③ 影像，用认知科学的术语来说就是"图像"。

时性地存储大量数据（其中大部分都是些无关的或会分散注意力的信息），以使得你那有意识的心智不必遭受感觉超载，甚至适用于记忆加工过程的第一阶段。

感觉登记器中的信息须接受初步的识别和分析，例如在"模式识别"这样的加工过程中，大脑会将这些感觉信息与存储在记忆中的已知模式进行匹配。

由于大量信息只能暂时性地存储在感觉登记器中，仅极少部分信息能进入到记忆的下一阶段，即短时记忆。注意机制负责对"未加工的"数据进行过滤。

短时记忆

你将此时此地需要用到的信息都存储在短时记忆中。有时它也被描述为一种"心理工作空间"，而这一实践属性反映在其别称"工作记忆"上。

有关短时记忆的功能的一个典型例子就发生在某人告诉你一个你需要用到的电话号码时。这些数字序列在你的记忆中保持了足够长的时间以便你在需要的时候能用上。

存储在短时记忆中的信息的保存期限是有限的，除非你不断地复述或者在脑海中不断地重温这一信息，否则它将在数秒后从你的记忆中逐渐消失（或称"衰退"）。

另一个会导致短时记忆中的信息消失的过程是"干扰"，即新的信息片段将更早些时候存入的信息片段"挤出"短时记忆之外[①]。

一些旨在探寻有多少人在经过一段较短的时间后仍能记得信息的实验表明，如果信息以不同的形式呈现，他们能存储更多的信息[②]。

其中最为重要的类型也许应为负责存储视觉表象信息的短时记忆，以及负责存储言语或声音信息的短时记忆。

第一种有时也被称为"视觉空间画板"。它类似于一个可以被擦干净的心理白板。图像或心理地图被存储在此处，以便在使用像长期规划等其他的心理功能时能够提取相应的信息。

语音回路是最容易理解的一种短时记忆子系统，它存储着"音素"[③]，或可称其为听觉信息的单位。通常音素指的是构成话语的音节，但它也常包含数字或单纯的响声。

语音回路有两个组成部分。一是语音存储器，在这里能保

---

① 记忆痕迹衰退理论和干扰理论不仅仅是解释短时记忆中的遗忘现象的重要理论，同时也可以用于解释长时记忆的遗忘。记忆痕迹衰退理论在解释短时记忆的遗忘时使用的是"衰退"的概念，而在解释长时记忆的遗忘时使用的是"弃用"的概念，这是一种带有进化论色彩的"用进废退"观点。但这一理论更多情况下还是更适用于解释短时记忆的遗忘现象，而在解释长时记忆的遗忘时，更常用到干扰理论的观点，即由于存储在长时记忆中的其他信息的干扰，而导致人们难以准确提取所需的信息。

② 例如，呈现配有一系列图片的词语列表，而不只是简单地呈现两个词语列表，这就暗示了实际上短时记忆可能存在着好几种各不相同的子类别或子系统。这些子系统就是艾伦·巴德利（Allen Baddeley）提出的工作记忆模型的各组成部分，包括分配注意的中央执行系统、将多种信息合并为事件记忆的情景缓冲器、加工视觉与空间信息的视觉空间画板、加工声音的语音回路。

③ 音素，是语言的基本发音单位。音素并不具有意义（语义），语言中最小的有意义的单位是词素。

存约 2 秒长的信息。另一个是复述装置，你会借此在语音回路中不断地复述着存储器中的信息，但只以默读而非真的说出话语、发出声音的形式进行。这一装置会不断地更新保存在语音存储器中的信息以确保信息的准确性，这对于完全发挥语言的功能（如将输入的声音与其代表的意义相联系起来以及学习新词）而言具有重要的意义。

除了视觉空间画板和语音回路外，有研究证据表明可能在语义、嗅觉信息以及聋人群体所使用的手语信息上也存在着不同的短时记忆子系统。

编码

信息要从短时记忆过渡到长时记忆就必须被编码。编码决定了一段记忆是将被存储进入长时记忆还是只是简单地消退并永久地消失，被存储的时间有多长以及有几成把握能存储这么长的时间，被存储和用于回忆的形式，以及日后被回想起的难易程度。换句话说，到底是什么决定了一段短时记忆是否会变成长时记忆呢？

两步关键的加工过程是"注意"和"复述"。在某种程度上具有重要性或显著性的短时记忆内容（那些有趣的、重要的或者具有积极或消极情绪效价的信息）将会抓住并留住你的注意力。你的短时记忆为了留住这些信息启动了"复述"这一加工过程，临时的信息缓存器被不断地更新以阻止信息流逝。如果你维持这一过程以足够长的时间，信息向更长期的存储器转移的过程就开始了。

为了成为大脑的长期记忆存储器中的一分子，一段记忆必须要被编码，也就是说要被记录为一整套记忆元素，以便随后能经重新整合而复原该段记忆。但编码并不是一个简单地一蹴而就的加工过程，不同的编码水平对应着不同的存储水平[1]。

最初对一段记忆进行的编码是将其转移到一种中介记忆存储器中，记忆在 1 小时到几天内将存储在此处直到被转移到其他地方。如果以某种方式重访存储的信息，通过使用或想起这一信息，或借由会勾起该记忆的原始刺激去接受更进一步的编码，可能会使得这一信息被存储更长时间。

然而，并不是所有编码都是等价有效的。这涉及将该记忆的元素与其他已存在大脑中的记忆片段或记忆元素相联系的过程。如果只能形成很少的联系，这种编码就被认为是浅层水平的。

相反，在深层编码阶段你会形成许多新记忆片段和现存记忆之间的强联系。例如，你更可能会记住在海边的那一天，如果这段记忆能使你想起童年的假日，或者一个特别浪漫的日子

---

[1] 这便是弗格斯·克雷克（Fergus Craik）和罗伯特·洛克哈特（Robert Lockhart）所提出的加工水平理论。

的话（随后这一记忆又会和一整串与爱等有关的联想捆绑在一起）。

例如，如果你理解了某一数学公式是如何被推导出来的，你就更有可能会记住它。在这些例子中，记忆因为这些强有力的联系或一次彻底的理解（涉及找联系的过程）而得到了深层编码。经过深层编码的记忆能更为牢固地存储在脑海中并且也更容易被回想起。

» 神奇的数字

认知心理学中最具里程碑式的一份研究论文就出自哈佛大学的心理学家乔治·米勒（George Miller，1920—2012）之手。他在 1956 年发表的题为《神奇的数字 7±2》（*The Magical Number 7 Plus or Minus 2*）的论文中证明了短时记忆的平均容量[①]或者说"组块"数量为 7±2，这是因为个体之间会存在一些差异。一些人在很短的时间内就能记住 9 条信息，而其他的一些人则只能记住 5 条。这就意味着当让人们看一些包含着数字、名字、字母等

———

[①] 即它所能留存的信息的"比特"。比特，是计算机专用术语，它是二进制数字中的位，是信息量的最小度量单位。通信领域的专家克劳德·香农（Claude Shannon）首次正式将这一单位应用于自己的通信模型，他将信息用"比特"进行编码，这成为所有数字通信的基础。

的列表并让他们进行背诵时，大多数人能够在忘掉某些内容之前完整背出包含7个条目的那一个列表。你在这一过程中所能记住的数字的数量就是你的"数字广度"，这一神奇的数字并不只适用于数字形式的信息，它涵盖了任何可被分解为非连续性信息包或组块的信息，如词汇、概念、图像、噪声或乐音。

米勒的研究使得电话公司在设定电话号码时会确保其长度不超过7个数字（不包含作为前缀的区号）。甚至时至今日，大多数的手机号码都是由一个共同的前缀号码及紧跟其后的6个数字组成的。

长时记忆

长时记忆主要有两类，"陈述性记忆"和"程序性记忆"，也分别被称为"外显记忆"和"内隐记忆"。

陈述性或外显记忆是指你知道你所了解的事物（例如别人的名字、你在假期去了哪里、一块面包的价钱、你的钥匙在哪里）。有时它也被描述成"知道"。这一类记忆又可以进一步分解为"语义记忆"和"情景记忆"。

语义记忆包括了事实和数字、名称和词汇以及对客体和动物进行再认的能力。这是一种与意义（语义）相联系的记忆。它是一种必要且基本的记忆类型，因为它使得我们能够理解这个世界和语言。

情景记忆包含了对已经发生的事情的记忆，如事件、情节、情境等，这一类记忆包括自传体记忆。这是对发生在你身上的事物的记忆，并且要维持你的身份认同感，它是不可或缺的。

程序性或内隐记忆是有关技能、能力或程序步骤的记忆，你并不需要真的记住要怎么做这些事情（如走路、骑自行车和刷牙）。有时它也被描述为"知道怎么做"。程序性记忆似乎是不同于描述性记忆的一个独立系统，因为遗忘症患者会丧失后一种记忆（描述性记忆）但却仍保留着前一种记忆（程序性记忆）。顺行性遗忘症患者[①]仍然能学会新的技能，即使他们无法回忆起曾运用过这些技能。

构造记忆

记忆并不仅仅是能被一次次重复运行并每次都会生成完全相同反应的小型计算机例行程序。它们也并不是像照相底片那样能被重复曝光并形成完全相同的图像。一段记忆是此时此刻基于从过去中提取的要素所构筑形成的心理体验。例如，你对吃冰激凌的记忆是由甜味、冰凉感等心理表征所构筑形成的。换句话说，一段记忆是对初始体验的一次重构。而记起这一体验就有点像拥有了一段和初始体验有着相似构筑方式的虚构体

---

① 顺行性遗忘症患者，指丧失了形成新描述性记忆能力的患者。

验。这就解释了为什么记忆很可能是不可靠的，以及不同的人为何对同一事物有着全然不同的记忆。由于名为"错误归因"的现象，人们甚至可能会记起从未发生过的事。一个常见的例子就是当我们记起曾在电视上看过的某些内容时，会认为这是曾真实发生在我们身上的事情。

遗忘

上述的记忆加工过程中的任一阶段出现故障都可能会导致遗忘，包括短时记忆的衰退和干扰、将短时记忆编码至长时记忆过程中所出现的故障，也包括提取或回忆一段记忆时出现的故障，即使这段记忆很可能仍被存储在大脑中。

一个简单的例子就是，当要求人们记住几项内容随后再要求他们写出这些内容时，如果只给他们一张白纸的话，他们可能会漏写一些项目，但如果给他们一张附有所有项目标题的列表清单时，他们就能依据这些提示回忆起先前他们看似已遗忘掉的内容。一个更为极端的例子是当某人因发烧而出现谵语的症状时，他能流利地说一种自童年起就从未用过的外语。这样的例子引发了一个疑问，任何事物都可能被我们遗忘掉吗？

另一个有关遗忘的理论属于弗洛伊德学派取向。这个理论中，遗忘和一个"动机性"的过程有关，"压抑"这一过程就意味着出于种种原因而故意在潜意识层面上抑制记忆的唤醒。

但遗忘到底是由于记忆痕迹真的消失了所引起的，还是仅仅由于提取信息失败所导致的呢？目前学界普遍假设存在着某种进化上的或适应上的效益作为选择机制，从而能够挑选出那些重要的、有用的记忆，以防止这些记忆被大量的相对不重要的信息所掩埋。

语言和思维

古希腊历史学家希罗多德（Herodotus，公元前485—前425）是最早记录了埃及法老萨姆提克一世（Psammetichus，公元前664—前610在位统治）探寻语言的起源这一事迹的人之一。在这个记录中，受试的孩子们自出生后就没有人同他们说过话，因此他们也从未有过接触语言的经历。随后同样的故事也发生在莫卧儿帝国 [①] 的皇帝阿克巴大帝（Akbar the Great，1542—1605）、神圣罗马帝国的皇帝弗雷德里克二世（Frederick II，1194—1250）以及苏格兰国王詹姆斯四世（James IV，1566—1625）的身上。

据说这些统治者们为了确认最基础或原生的语言，而设法证明一个假设，即一些语言形式必然是与生俱来被固定在人类

---

① 莫卧儿帝国（Mogul），是巴布尔于1526年在印度建立的封建专制王朝，在该帝国的历史上建有现闻名于世的泰姬陵。

大脑中的。据说一群苏格兰孩子被幽禁在一座只有一位哑巴牧羊人及其羊群做伴的孤岛上，却开口说出了希伯来语，尽管苏格兰作家沃尔特·司各特（Sir Walter Scott，1771—1832）对此表示怀疑："他们更可能发出像那哑巴护理人一般的尖叫声，或者发出像岛上那群山羊和绵羊一般的咩咩声。"

一些针对因遭忽视而在没有语言的环境下被抚养长大的野孩子的自然观察实验，似乎都证实了司各特的直觉，这表明了语言并非与生俱来的。

无声的思维

一些心理学学派争论道，思维取决于语言或是由语言所决定，这一立场就是我们所熟知的语言决定论。这一观点的其中一位支持者就是行为主义学派的约翰·华生，他认为所有的思维实际上都是一种无声的"默读"（察觉不到声带的振动）。这一被称为"外周论"①的理论认为没有说话的能力是不可能进行思维活动的。

语言决定论最具影响力的一个版本是萨丕尔-沃夫的语言相对假说，在这两位语言学家兼人类学家提出不同文化存在

---

① 外周论，是一种强调感觉运动过程而非其他认知或中枢过程对行为起决定性作用的观点。

着各异的词汇，而这些词汇在最基础层面上影响着他们的认知后，这一假说便以他们的名字来命名。例如，本杰明·沃夫（Benjamin Lee Whorf，1897—1941）最有名的主张就是因纽特人对雪的知觉方式不同于说着一口标准欧洲语言的人，因为因纽特人有着20种（如果你信得过《华盛顿邮报》的话，也可以算是15种）各不相同的与雪有关的词汇。现在大部分由爱德华·萨丕尔（Edward Sapir，1884—1939）和沃夫列举的证据都被一个事实所削弱，即像因纽特语和英语这样的语言之间要进行翻译并不是很困难的一件事。

有关颜色词汇和颜色知觉的跨文化研究证据逐渐削弱了语言决定论所列举的实例的说服力。

尽管许多文化的语言中都没有英语中的基本颜色学名类别多，但测验的结果表明，在这些文化中的人们和有着更多颜色学名词的文化一样，都能识别出全部颜色。换句话说，认知（以颜色知觉为例）并不是取决于语言的。

人工智能（AI）

认知心理学最重要的分支之一就是人工智能，它也被称为"机器智能"。这一概念提出了某些机器（可能是一台电脑）可以是具备智能的，尽管仍不清楚这是否等同于人类智能或者某些其他类型或程度的智能。而且准确地说，你要如何给人类智能下定义呢？

　　我们怎样才能知道一台机器是否具备某种程度的智能呢？"功能主义"的哲学思想支撑着人工智能的前景，该哲学思想声称大脑不过就是一台机器，而心智和意识就是这台机器的功能状态。用计算机的处理过程来做一个清晰的类比就是功能主义将大脑视为计算机的硬件而将心智视为计算机的软件。计算机处理过程的一个重要原则就是其软件（如一个计算机程序）要能以多种方式实现，即要能够在不止一种硬件上被实现（运行或者执行指令）。因此，如果人类智能是一种通常在大脑上被实现的软件，可能它也能在不同类型的硬件上被实现，如在一台电脑上。这与被称为"强人工智能"的理论有关，该理论主张一台机器能拥有像人类一样的智能和意识。与此相反，"弱人工智能"则主张像计算机这样的机器能被作为人类智能的模型并用于检测人类智能，但这并不意味着机器真的能具备像人类那样的思维。

图灵测试 VS 中文屋

　　人工智能领域的许多基础性问题至今都仍未解决，特别是像心智和意识的本质这种与哲学问题有关的内容。两个思维实验代表着关于强人工智能可能性的两种相反观点，阿兰·图灵（Alan Turing，1912—1954）的模拟游戏和约翰·塞尔（John

Searle，1932—）所描述的中文屋（Chinese room）。

图灵是一位英国数学家和计算机科学先驱，他为电子计算机的理论和实践开发做了大量的奠基性工作。他觉得询问是否存在着智能的机器是毫无意义的，他提议应该换一种行为主义学派的方法来观察一台计算机的行为是否显得具有智能。他认为如果一台计算机能成功地伪装成一个人类，即当一个人在和一台电脑交换文本信息时没有发现它并不是真的人类，我们将不得不承认这台计算机具备与人类相似的能力。

但即便一台电脑能够通过所谓的图灵测试，这能等同于我们所说的智能吗？美国哲学家塞尔表示这是不可能的，他提出了一个叫中文屋的著名思维实验。塞尔想象有一个男人在一个封闭的屋子里，一张张写有中文的纸被塞进他所在的房屋中。这个男人根本不懂中文，但通过指南上的一系列指导进行操作，他能够组合这些字符从而用中文做出回答，并把写有中文回答的纸条通过一个狭槽传递给外界。而对于屋外的中国人来说，屋内的男人看起来就像是懂中文的，但事实并非如此。塞尔表示人工智能就像是身处中文屋的男人，可以在完全不理解内容的情况下组合出令人信服的回答。

用技术术语来说就是人工智能缺乏"符号基础"。中文屋这一争论有着更广泛的含义，即一台机器是永远不可能像人类一样具有意识的，因为它永远都不可能理解意义或者拥有意图。

3. 你所需要知道的人格与智力

到底是什么组成了个体的心理？人格和智力的研究被认为是"差异心理学"，因为它着眼于个体间那些各不相同的特质和特征。人格是一组相对稳定且具有一致性、独立于外界变化的特征吗？抑或是随着环境变换而变化的行为（即人格取决于变化的外界环境，因此人格是变化无常且不一致的）？这两种论点之间的冲突就是著名的"特质与情境之争"（或可称为"人格的一致性论战"）。差异心理学的主流研究普遍是立足于"人格有着稳定的核心特质"这一假设的基础之上的。

颅相学

颅相学是试图以科学的手段研究个体的心智和特征属性的早期尝试之一，但现在普遍认为这一实践是可笑的伪科学并不再继续深入研究。颅相学与心理学有着相似的根源，意图都是"对心智的研究"，颅相学是借助检查颅骨外部结构的手段，来测量和挖掘心理特征属性的一门艺术和科学。颅相学的核心教条是"脑是心智的器官",而这一教条源于维也纳内科医生兼颅解剖学领域的专家弗兰茨·高尔(Franz Joseph Gall,1758—1828)的研究工作。

他对鼓鼓的眼睛和超凡的记忆力之间所存在的逸事般的联系产生了浓厚的兴趣,他进而又描述了心理能力与面相之间的其他联系,或者更确切地说,心理能力与颅骨形状之间的其他联系。这被进一步提炼形成了他的器官学理论,或者应说是大脑的生理学理论。在这一理论的诸多革命性方面中,就包含了"心智位于大脑"的这一主张,以及"像人格这样的心理特征属性由大脑结构所决定"的主张。

到这里为止,颅相学仍在理论的预想和构建方面保持着与现代心理学齐头并进的步伐。像现代心理学一样,颅相学也声称心理功能可以定位于大脑的具体部位,即大脑的不同部位与不同的心理功能是一一对应的关系。

但是不同的一点在于,颅相学声称不同大脑器官的尺寸和发展直接影响到颅骨的形状,因此一个专家可以通过测量后者(颅骨的形状)以确定前者(大脑器官的尺寸和发展情况)。

换句话说,通过感受一个人颅骨的隆起部位,就有可能"读取"他们的人格和心理能力。

颅相学家开具了一张列有几十项能从颅骨中读取的能力或特质的清单列表,包括"盗窃""繁殖冲动""关爱后代"和"宗教情操"等。

　　它甚至声称能借助各种不同的训练途径来培育或约束这些特质，这是根据"教养比天性的影响力更大"这一持续不断的争论点所提出的一个有趣保证。

　　尽管它所提出的诸多谬论最后都被推翻，颅相学仍为规范有关心智和大脑的研究，以及有关人格特质的分类标准和测量做出了众多贡献。

人格的维度

　　差异心理学的主旨在于识别和测量不同的人格特质（或人格维度）。有时这被视为一种心理测量学派的取向，心理测量学是由一名英国维多利亚时代的离经叛道的科学家弗朗西斯·高尔顿（Francis Galton，1822—1911）经过不懈的努力建立的研究领域。心理测量学常常涉及对不同特质的测验结果进行统计分析，以识别出那些潜在的本质或维度。

心理测量学与大五人格

　　1936 年，作为人格心理学的创始人之一的美国心理学家高尔顿·奥尔波特（Gordon W. Allport，1897—1967）识别出了超过 18000 个可用于描述个人特征的术语，在整理分类之后，仅是用于描述核心特质的词语就有将近 5000 个。奥尔波特区分了一般特质（每个人或多或少都会具有的特质）以及次要特质（个体所独有的特质）。尽管奥尔波特反对心理学的研究范围仅局限于共同特质（即我们所熟知的"整体研究法"），但随后的差异心理学家所关注的恰恰是这些共同特质。

通过一套套测验对个体进行施测并运用统计方法来分析他们的测验分数，就能够展现出这些看似反映不同特性或因子的测验或问题，实际上都着眼于相关的或者相同的因子。

举个例子。保守主义、好奇心和创造力可能看起来是完全不同的特质，但人们却倾向于在与这些因子有关的测验上采用同一的评分方式，即如果一个人在保守主义上得高分的话，通常他在好奇心上的得分会比较低。

一个人在某些测验因子上的得分会与另一些因子相关，然而一个群体中不同的人在这些测验因子上的得分将呈现出多样化的趋势。

通过对个体在许多不同特质上的测验结果进行统计分析可以揭示出更少数但却更为基础的潜在因子。由于个体在这种特质上的测验分数是沿着频谱递减的，这些因子常常被称为"维度"。像保守主义、好奇心和创造力等特质，连同像诡辩以及分析性倾向和艺术性倾向等其他特质都与一个被差异心理学家称为"开放性"的潜在因子有关。

在心理学界已一致形成了名为"大五人格维度"的共识，

即外倾性、宜人性、尽责性、神经质或情绪性、稳定性和开放性。关于智力是否应该也被包括在其中作为一种人格特质，至今仍争论不休，但智力也是一种维度（或频谱）。根据一些分析结果，智力与开放性之间存在着共变或相关的关系。

» 弗朗西斯·高尔顿——长期坚守的测量学者

高尔顿（Francis Galton）是查尔斯·达尔文（Charles Darwin，1809—1882）的亲戚，而且他也是一位杰出的科学家和探险家。他对测量十分着迷，尽管测量常常是有用的，但它也可能是非常不可靠的。一个典型例子就是他对英国境内女性的吸引力等级进行了系统评定并绘制了一幅相应的地图；另一个相似的例子是他绘制了有关道德可靠性的欧洲地图集，这一地图集显示出英国是可信任程度最高的地方，而希腊人和土耳其人则是最坏的说谎者。

在阅读达尔文的进化论理论的过程中，高尔顿受到选择育种这一概念所带来的巨大冲击，因此通过他所命名的"优生学"这一门新科学，他将这些法则应用于优化人种的血统上。高尔顿发起了一个测验项目，他摆设了一个展位，人们可以前来接受一组测验，包括他首创的智力测验以及有关心理学其他方面的测验。高尔顿也是对生物特征数据进行统计分析的先驱，他首创了像"相关"这样的术语来描述他从这些数据中所发现的关系。

外倾性	内倾性
健谈的、好交际的、合群的、急性子的、爱夸耀的、傲慢的、有主见的、自信的、泰然自若的、有冒险精神的、热情的、活泼的、乐呵呵的、喜怒形于色的、表演欲强的、吵闹的、大大咧咧的	害羞的、不善交际的、与世隔绝的、自我反省的、深思熟虑的、谨慎的、谦虚的、阴郁的、逆来顺受的、独来独往的、缄默的、高冷的、没精打采的、胆小怯懦的、低调的、沉默寡言的、不自信的
尽责性	不负责任
可靠的、一丝不苟的、神经紧绷的、刻苦的、负责任的、有条不紊的、直白的、坚定不移的、整洁的、刚正不阿的、不屈不挠的、固执倔强的、有组织性的、合乎伦理的、尽职的、古板的、单调乏味的	轻松愉快的、平易近人的、悠闲自在的、杂乱无章的、反复无常的、自我放纵的、浮躁的、马虎的、不整洁的、寡廉鲜耻的、轻言放弃的、没有耐心的
开放性	封闭守旧
原创性的、深刻而复杂的思考者、富有创造力的、天马行空的、不拘一格的、桀骜不驯的、有艺术细胞的、离经叛道的、有包容性的、独立自主的、敢于质疑的、捉摸不透的	保守的、传统的、喜欢清晰明确的事物的、老土的、心胸狭隘的、崇尚从众的、缺乏想象力的、可预测的、因循守旧的、不喜欢改变、直来直去的、规规矩矩的
宜人性	难相处
和蔼的、有合作精神的、可信任的、利他的、乐于助人的、宽容的、软心肠的、富有同情心的、温和有礼的、惺惺相惜的、顺从的	易激怒的、独断的、刚愎自用的、爱挑剔的、逆反的、怀有敌意的、多疑的、自私的、铁石心肠的、嫉妒的、固执倔强的、机警的、愤世嫉俗的、粗鲁无礼的、意志坚强的、冷酷的、好争论的
神经质	情绪稳定性
焦虑的、缺乏安全感的、忧愁的、庸人自扰的、自我意识过剩的、紧张的、愧疚的、消极的、爱发牢骚的、自责的、低自尊的、自怜自艾的、喜怒无常的、脸皮薄的、易受伤害的	平稳和谐的、自信的、自我肯定的、脸皮厚的、平静沉着的、客观的、性情平和的、有分寸的、克制的、冷静的、泰然自若的、安详的

外倾性 - 内倾性

尽管大五人格模型占据着主导地位，但它并非对人格特质进行分类或分组的唯一方法。其他同样富有影响力的模型包括美籍英裔心理学家雷蒙德·卡特尔（Raymond Cattell, 1905—1998）提出的十六种人格因子量表以及英籍德裔心理学家汉斯·艾森克（Hans Eysenck, 1916—1997，他在世时曾是世上被引用次数最多的心理学家）提出的类型理论。

艾森克争论说宜人性和尽责性实际上是同一个潜在人格维度的不同方面，这个人格维度就是他所说的"精神质"，并且它与神经质 - 稳定性和外倾性 - 内倾性维度共同组成了一个三因子模型。

艾森克做了大量工作以推广外倾性 - 内倾性这一概念，尽管这组术语是由瑞士的精神分析学家卡尔·荣格（Carl Gustav Jung, 1875—1961）在其 1921 年出版的名为《心理类型》（*Psychological Types*）的书中首创的。艾森克分析了他所治疗的 700 名退役军人的人格数据，并由此得出一个结论。这些退役军人在得分上的差异通常可归根于同一个潜在因子。艾森克在对荣格使用的"外倾性"和"内倾性"这两个术语进行改编后，将这个潜在因子标识为"E"。

他深信这样一个强有力的心理学决定性因子必然有其生物学基础，也就是说，它必然被固定在大脑中。

艾森克相信一个人在"E"上的等级（或得分）高低取决于其大脑皮层唤醒的程度或者说兴奋程度，即其大脑活动的强度和加工处理信息的速度。

内向者的大脑皮层的唤醒程度更高，因而对外部刺激要更为敏感，而这可能会超出他们加工处理信息的能力范围，相应地，他们也会将社会接触和令人兴奋的事物降至最少以限制其接收的刺激量。

相反，外向者的大脑皮层的唤醒程度更低，因而要通过寻求高强度的外部刺激来作为补偿。

然而，1970 年，英国心理学家杰弗里·格雷（Jeffrey Gray，1934—2004）用他的敏感性强化理论推翻了这一观点。他认为外向者有着更为敏感的奖赏神经系统，因此他们有更强的动机去寻求社会互动，因为他们能从愉悦的神经化学刺激中获益更多。

» 饮食、放血和"体液"

在古代中世纪时期的大部分时间中，由古希腊人发展壮大的"体液说"一直是用于理解人格和人类心理学的主流范式。体内的液体（或称之为"体液"）与一个包罗万象的系统息息相关，这一系统包含了构成世界的各大元素及其特性。因此，这四大元素（土、空气、火和水）及其四种特性（干燥、寒冷、温暖和潮湿）与下列四种体液一一对应，黑胆汁（寒冷而干燥）、黏液（寒冷而潮湿）、黄胆汁（温暖而干燥）和血液（温暖而潮湿）。

　　有的阿拉伯学者将这一体液系统以及与之相关联的四种基本气质一同从中世纪一路传承至现代社会早期，这四种气质包括抑郁质、黏液质、胆汁质和多血质。根据体液说，人们相信任何一种体液过多都将导向相应的气质，例如，黄胆汁过多将导致胆汁质（暴躁且易怒）。例如，在莎士比亚所著的《哈姆莱特》中，奥菲莉亚的抑郁质可被理解为源于大脑干燥缺水。心理治疗通过调节有关的体液来达到疗效，例如通过放血将该体液排出，或通过进食某些食物或药物来中和该体液的特性（如吃寒冷而潮湿的食物来中和体内温暖而干燥的黄胆汁）。

心理动力学的人格理论

　　另一全然不同的人格心理学分支因心理动力学运动而生，该分支始于弗洛伊德并经由诸如阿尔弗雷德·阿德勒（Alfred Adler，1870—1937）和荣格等人之手而变得更具多样化。弗洛伊德最先提出心理（psyche）地形的概念，并将心理空间划分为诸如潜意识、前意识和意识等分区。1920年，他概述了其极具影响力的人格"结构"模型，他相信人格结构可以分为三部分，由自我、超我和本我组成（源于拉丁语词汇"I""super-I"

和 "it")。

名为本我的怪物

弗洛伊德将本我描述为包含着固有的"动物"本能（如性驱力或力比多）的心理部分，他将本我视为可为人格提供动机的心理能量的主要源泉之一。本我通过即时满足来寻欢作乐并在未能及时满足时体验到痛苦。本我从不顾及外部世界。

婴儿只有本我，但是与外部现实世界所产生的冲突会使得逐渐成长的孩子发展出自我，这一执行模块尝试通过与真实世界进行协商的方式来满足本我的需求。自我是理性的但却完全是实际的。来自家庭和更广阔社会的道德观和伦理观则为超我的形成提供了基础，超我监控着自我和本我，并利用愧疚感或自豪感来抑制或奖赏某些思维和行为。弗洛伊德将成人的人格视为一座冰山，自我和超我都浮在意识表面之上，但本我的那一大块部分则潜伏在潜意识之下。

阿德勒和荣格

弗洛伊德有一批会被指定为继承人的助手，他们表面上都是弗洛伊德首创的名为"精神分析"运动①的骨干,不料他们最后却背离了弗洛伊德的教条,并戏剧性地与弗洛伊德关系破裂。

奥地利医生阿尔弗雷德·阿德勒否定了弗洛伊德坚持将"性"作为人格的首要驱动力的主张,相反,阿德勒相信权力以及权力关系才是人格的驱动力,并发展了诸如手足之争、出生顺序在决定人格方面的重要性以及自卑情结等概念。阿德勒反驳道,一个孩子试图补偿或回避自卑感的举措会主导其人格的发展方向。与此同时,不能恰当处理自卑感的成人会形成一整套适应不良的潜意识欲望、思维和感受,从而使有意识的心理的运作发生偏离。这就是精神分析学家所说的"情结"。

荣格是弗洛伊德的另一位助手,他经历了一场与这位良师益友悲痛决裂的遭遇,并且同样否定了弗洛伊德对"性"的强调,他取而代之地视"力比多"为一个更为普遍的心理能量之源,而不只是简单地将人格视为一个被囚禁在过去的囚徒。荣格深信最终极的心理欲望是"个性化",这是一个自我接纳并成功地将人格的各部分融合为一个和谐整体的过程。

他也强调潜意识的力量(或现象)在人格中所起的作用,他将其称之为"原型",并且他所说的"原型"正是集体的、共享的潜意识中的一部分,超出了个体的个人潜意识范围。

这些原型可能被固定在人的大脑中,它们有助于具象化和

---

① 也可称为"心理动力学运动",因为它关注心理的动力学内容。(作者注)

组织思维、感受以及欲望。原型包含了人格的不同方面，如人格面具（人们在应对不同情境或线索时所采用的角色或面具）、阴影（人格面具的黑暗对立面）以及阿尼姆斯和阿尼玛（包含在每个人的心理内的男性化和女性化方面）。

定义智力

心理学家们为了在对智力的定义上达成共识而不懈奋斗着，尽管如此，测量智力的事业却已成为差异心理学的关注焦点。一个有关智力的主流观点是智力代表了个体适应环境的能力。1996 年美国心理学会的智力特别工作小组给出了这样一段总结性文字："一种能理解复杂概念，有效适应环境，从经验中学习，可进行各种形式的推理，通过用心思考可克服障碍的能力。"

但智力测验的重要价值使得对智力的操作性定义变得更为重要，这就意味着要依据测验本身来定义智力，因此，心理学家埃德温·波林（Edwin Boring，1886—1968）在他的观察报告中写道"智力就是智力测验所测量的内容"。

智商是以及不是什么

最常见的智力测验分数就是智商（IQ），它代表了智力商数。一个商数就是两个数值的比值。最初设计出智商是为了测量儿童的智力，智商被定义为儿童的心理年龄与其实足年龄的比值，再乘以100。因此，如果一个儿童的心理年龄恰好与其实足年龄相同，它们的比值将会是1，并且智商将恰好为100。但智商不适用于成年人，因为在18岁左右智力发展普遍进入停滞期，然而实足年龄却不会停止增长。

今天，智商被定义为个体的得分与其全部同龄人群的平均得分的比值，所以智商分数为100的人正好位于这些潜在得分所形成的正态分布的中间位置，即他的智商达到平均水平。参照群体的性质取决于所采用的智商测验本身。两个最常用的智商测验分别是斯坦福-比奈智力量表（Stanford-Binet IQ test）和韦克斯勒智力量表（Wechsler scale）。一个人如果在韦克斯勒智力量表上的得分为110，那么他将位于第75百分位，这就意味着他的得分要高于75%的参照人群。预计在100个人中只有1个人会在韦克斯勒智力量表上得到135分的智商分数。

那么，智商测验到底是什么？

智商测验通常是由一套问题组成的，这些问题挑战了受测者的一些能力，如语言推理、词汇、心算、逻辑、视觉推理、心理旋转（用你内心的双眼来旋转图像）以及其他的一些能力。

一个经过反复验证的智商测验需要在上千人身上施测，基于这些测量结果，他们的分数将被用于对原量表进行校正。

智商测验只能抓拍到某段时期的表现，因此仔细思考智商测验无法测量的内容是富有启发意义的。例如，智商测验无法测量学问、智慧、创造力或记忆力，尽管它们都被证明与智商有着密切的关联性。记忆力，特别是短时记忆，是构成智力的特别重要的成分之一。

而且，智商测验无法测量一些诸如同情心、弹性、纪律性或者公正性等可贵的个人品质或特质，它们也无法测量情绪方面的技能，这些技能有时也被描述为情绪智力。

一般智力和原初的心理能力

一些心理学家认为智商和智力几乎是同一回事。其他的心理学家则反驳道，正因为智力并不是单一的品质或属性，用单一的分数是无法对智力进行测量的。要实现这一目标的其中一种方法是通过对测量明显不同的能力的测验进行统计分析，来检验它们是否真的为单一潜在维度的不同方面，正如大五人格特质那样。

对人们在所有不同类型的智力测验上的得分进行的统计分析结果似乎表明存在着一个共同因子。如果一个人在语言测验上表现优异，那么他也更可能在数学测验上取得好成绩。这一共同因子也被称为"g"，表示"一般智力"，它测量的是一个人原初的心理能力。一个有助于理解的类比是将其比作赛车，不同的车辆可能在操控性能、车轮和轮胎类型等方面都不同，这就意味着在公路汽车赛中，一些车在土路赛道部分表现得更好而其他类型的车则在公路赛道上表现得更好。

车子所具有的不同操控特性就像一个人应对不同类型的难题的不同能力（如语言能力 VS 逻辑能力）。

但是，也会有那么一个因子可作为更为强有力的发动机，而"g"就等价于这一发动机的功率，这一发动机将提高所有车辆的表现，无论这些车辆之间存在着多大的差异。正如一台有着更强动力发动机的赛车更可能赢得更多的赛事，不论是在什么样的赛道或环境下。因此一个人如果有着更高水平的"g"就更有可能在所有类型的智力测验中都得高分。

弗林效应

这一现象是由一位就职于新西兰的奥塔哥大学的政治科学家詹姆斯·弗林（James Flynn，1934—）发现的。

1984 年，弗林出版了他的系列论文的第一篇，该篇论文使人们注意到了一个从前一直被忽视的奇怪趋势。那些制作和出售智商测验的公司不得不持续修订他们的计分系统以使得平均的智商分数维持在 100 分的水平，因为人们在智商测验上的得分好像在逐年攀升。弗林发现要想保证今天在智商测验上的得分和 20 年前做同一份智商测验的得分一样，你将不得不表现得更好。或者换言之，如果在相距 20 年后的今天你仍在完全相同的智力测验上取得和当年完全相同的分数，按今时今日的标准这一测验得分将被换算为明显更低的智商分数。

一个可解释计分系统被不断修正的理由是人们在智力测验上的平均表现似乎在逐年变好。弗林发现发达国家人口的智商分数平均每年上升0.5分，或是说在超过30年的时间内上升了约15分。如果你回到1945年并用今天这套基于现今的平均表现而得的计分标准，你将发现智商的平均分数只有70分左右，而这正是学习障碍的临界值。

但是，我们并没有看到天才数量的剧增或一般智力成就的突飞猛进。相反，许多人指出教育标准在下滑而且成就的水平也比以往更低。对此现象的一种解释是饮食和医疗保健水平的改善使得大脑发育得更好了。另一种解释是人们通过电视、电脑游戏、报纸上刊登的智力游戏、学校测验等途径对智商测验类的问题都变得越来越熟悉。第三种解释就是弗林只不过是算错数了。现有的证据并未清晰支持其中的任何一种解释，因此弗林效应仍是一个未解之谜。

再重申一遍，智商并不等同于智力，并且智商并不能捕捉到其他对成功和才能而言至关重要的许多品质。对于任一个体而言，拥有高智商可能不如承诺和纪律那么重要，例如，一个具有高智商却懒惰的人能获得成功的概率可能不如一个勤勉、刻苦但智商较低的人。但在群体和种群尺度上，智商已被证明可作为一个非常强有力的预测因子，可预测个体在学业成就、赚钱能力、健康以及快乐等许多领域的成就。我们也知道，通常而言，拥有更高智商的人会取得更优异的成绩，比起那些取得更低智商分数的人，他们更有可能被雇用，赚到更多的钱，有更多升职机会。

一些针对将类似的智商测验作为筛选求职者的工具的研究表明，这类测验对求职者的成就的预测效力就像详尽的面试那样好，并且其预测效力要更优于对其他方面如工作经历和年限的测量。

与智商高于 110 分的人比起来，那些纸上在 75—90 分范围内的人的辍学率要高 88 倍，生活贫困的概率要高 5 倍并且进监狱的概率要高 7 倍。

» 在大脑中精确定位 "g"

由于对构成智力的成分仍未达成一致的共识，我们很难说清楚智力位于大脑的哪一片区域。如果我们将智力看作是由不同心理功能和能力组合成的星座，那么我们可以说智力遍布大脑的各个角落，但主要是在大脑皮层（即大脑皱巴巴的外层）上。更为具体的能力能在大脑上找到更精确的相应定位，例如，最为抽象的心理功能（如逻辑推理和长期规划）主要位于前额叶皮层。如果 "g" 真的存在于大脑的某个部位，那么 "g" 在大脑中的定位会是一个十分有趣的谜题。然而，"g" 不太可能仅仅是大脑的某一部位所特有的属性，它更有可能与某种一般特性有关，例如沿着你的神经元传送神经冲动的速度，或者是你的神经元所具有的一种使得彼此间的信息连接更容易或更不容易的先天倾向。

智商与种族

可能在心理学的所有话题中最易引发争议的就是智商的种族差异问题。在智商研究中有一项稳健的发现表明不同种族的群体通常在智商测验上的得分情况不同。在做过较多这类研究的美国，非裔美国人通常比白人得分更低，反过来白人比东亚人的得分要更低。尽管有一种解释认为智商测验具有文化特异性，所以是有偏差的，但有大量证据表明在文化公平测验中仍持续得到相同的结果。另一种解释是这些结果反映了社会经济的挑战以及不平等，但同样地，控制了这些因素后的统计分析结果暗示了这些研究发现具有稳健性。

现在让我们来走近这场论战。

受争议的一个原因是人们担心那些怀有特定政治目的或种族目的的人将利用这些研究发现来反对诸如国家干预等事务。例如，若以低成就是由遗传决定的而并非由环境决定的为基本论点的话，为推动早期教育而提供基金资助就很可能被认为是不会有任何效果的。

但是遗传决定论面临着许多反对的争论。例如，特别是从遗传学的角度上来看，种族分类的意义及效度仍是非常值得怀疑的，因为全球人口（特别是美国人口）存在着广泛的种族交融，并且科学家们仍在为了能在遗传学层面上区分各种族而不懈努力着。

此外，种族和智商之争倾向于掩盖事实真相。相比于个体差异而言，种族间任何真实存在的或并非真实存在的差异都很小。并且个体间的差异要远远大于所谓的群体间的差异。

智力的类型

智商测验挑战了不同的能力或思维模式，但一些心理学家更进一步地探讨和质疑了智力作为一个整体概念的一致性。智力可能是一个涵盖了各式各样、相互独立的能力或功能的无效的总称式术语。美国发展心理学家霍华德·加德纳（Howard Gardner，1943—）是"多元智力"思想学派的领头人，他将智力区分为八种不同的类型，这些智力类型又可分为四大不同类别。他声称存在着两种"思维"智力类型，口语-语言智力以及逻辑-数学智力；三种"感受性"智力类型（即与感觉有关），视觉-空间智力、身体-动觉智力和听觉-音乐智力；两种"交往互动"智力类型，自我认知智力和人际智力；以及一种"博物学家"智力。

社会与情绪智力

早在 1920 年，美国心理学家爱德华·桑代克（E.L. Thorndige，1874—1949）就创造了"社会智力"这一术语。他将其定义为一种理解他人以及与他人相处的能力。随后，社会智力被用于解释人类大脑的进化。

根据一些理论，人类进化出更大的大脑是他们社会技能发展的结果，他们创造了更为复杂的人类社会，并且对更优异的社会智力有更大的需求，因此他们拥有更大的大脑。

20 世纪 90 年代，人们对认知技能和社会或社交技能同等重视的倾向不断增强，并且这些技能被更名为情绪智力（emotional intelligence，EI）。情绪智力不仅在人际关系以及任一人们互动或情绪起作用的领域中发挥着重要作用，而且在人们监控、理解和调节自身的情绪、需要以及感受的适宜程度方面都起着重要作用。拥有高水平的情绪智力的人更可能具有自我意识、表现得自信、平稳和谐且知足，并且也能更好地与他人和谐共处。他们可成为优秀的销售人员、管理者、团队工作者以及领导者，也能在护理行业中取得佳绩。

4.你所需要知道的群体心理学

有关人们在社会情境中如何作为一个个体思考和行动的研究，包括他们是如何在群体中作为群体的一员思考和行动的研究，就是社会心理学。

这一领域的研究在第二次世界大战结束后得到了专门化的发展，彼时的心理学家们勇敢地直面挑战，以求解释人们是如何做出一些行为，特别是在大屠杀的背景下所做出的那些行为。蔚成风气的公民权利意识以及反对从众和权威的社会文化变迁也使得人们再次聚焦像偏见和种族歧视这些话题。

群体动力：老鹰与响尾蛇

1954年，11名12岁的男孩乘巴士前往位于俄克拉荷马州罗伯斯山洞州立公园的一个偏远童子军营地。在经过几天的朝夕相处后，群体中的每一员都形成了羁绊，并想好了他们的队名：响尾蛇队。他们随后了解到另一个也由11名男孩组成的团队在他们到来的前一天就已经抵达营地了，这群男孩自称为老鹰队。

美籍土耳其裔的社会心理学家穆扎费尔·谢里夫（Muzafer Sherif，1906—1988）带领研究者们采用完全随机的方式将这22名男孩分配为两组，但很快地，每一组男孩都开始对其所在的团队表现出强烈的忠诚，并在为团体争夺无关紧要的体育奖品的竞赛中开始表现出十足的攻击性。

老鹰队甚至烧了响尾蛇队的旗帜，而响尾蛇队也将老鹰队的营地小屋洗劫一空。随后研究者对孩子们进行了访谈，他们在访谈中使用了非常积极正向的词汇来描述自己所在的群体，而使用极具贬义的词汇来描述另一个群体。通过将他们完全随机划分为两组的这一简单举措，谢里夫显然让22名相当普通的孩子变得像《蝇王》中所描写的人物那样。这一实验促使谢里夫及其同事提出了群体动力的现实冲突理论，即对资源的竞争或其他形式的冲突是偏见的根源并且导致了对内群体的积极归因和对外群体的敌意。

克利、康定斯基和社会同一性

英籍波兰裔社会心理学家亨利·塔杰菲尔（Henri Tajfel，1919—1982）逐渐相信能用比谢里夫所设想的还要更为简单的理论来解释罗伯斯山洞实验。

塔杰菲尔在1970年的一项经典研究中，使用了最小群体范式来将被试的群体身份剥离至只剩下最为基础的部分。他将这些处于青春期的男孩划分成"克利"和"康定斯基"两组。尽管按研究者们所说的指导语来推断，分组是基于男孩对所展示的抽象表现主义画家保罗·克利（Paul Klee）以及瓦西里·康定斯基（Wassily Kandinsky）的艺术作品的图片的偏好来决定的，但实际上分组采用了完全随机的方式。这些男孩随后要独立完成一个任务。他们必须将少得可怜的金钱奖赏分配给自己所在群体的成员（内群体）或其他群体的成员（外群体）。

塔杰菲尔发现这些男孩在分配金钱时会更倾向于最大化内群体和外群体间的奖赏差额，甚至在全体内群体成员会获得更少奖赏的情况下也是如此。尽管这些男孩从未与其内群体或任一成员有过任何接触或对他们有任何了解，然而这一现象仍持续存在，哪怕是在告知了男孩们采用的是随机分组的方式之后。

这些研究发现促使塔杰菲尔提出了社会同一性理论，这一理论描述了群体成员关系这一简单事实如何触发了一系列的态度并导致了一系列的后果。

成为内群体的一分子驱使着个体寻求将所在内群体与外群体进行区分的方法，并且通过歧视外群体来拔高他们的自我形象。

社会分类（即将世界划分为属于我们和属于他们的部分，并且开始意识到群体边界）导致社会认同，即采用自己一开始被分配到的群体身份，而这转而又导致了社会比较，人们通过对外群体进行贬抑的下行比较以求拔高内群体自尊。

社会同一性理论认为偏见是社会分类的必然结果，而一旦缺乏就会导致冲突和偏见的原因是自尊。

社会认知、归因和偏见

社会同一性理论的潜在机制是什么？为什么人类应该具有社会分类的倾向？一个答案就是我们在社会情境中进行归因的方式，以及塑造了"社会认知"的进化原理。

一个有关社会认知的早期理论假定人们基于逻辑和计算来做抉择，可能就像一台计算机那样。然而人们的思维模式却与此不同，我们充其量只能运用含糊不清的逻辑来迅速做出杂乱的选择。更为恰当的可能应为"认知吝啬鬼"假说而不是社会计算机模型。

这一假说认为我们通过使用最低限度的必要信息和加工处理能力，以及采取捷径和经验法则[1]来最大化认知加工过程的效率，以求将认知资源的支出减至最少。这些策略就是"启发法"，我们能从社会心理学的一些有趣发现中推断出它们的用途。

---

[1] 经验法则，又名"拇指规则"。这一术语的由来据说是因为木工工人不用尺子而是用拇指来测量木材的尺寸，后来这被引申为一种可用于多种情况的经验性原则。管理学、经济学和教育学常将"拇指规则"引申为一种启发法。

» "核心特质"以及它们是如何影响人的

1946 年，美籍波兰裔心理学家所罗门·阿希（Solomon Asch，1907—1996）要求被试阅读一篇用了几个形容词描述一位虚构人物的传记。随后要求这些被试挑选更多适合描述这一主人翁的词语。但阿希发现，只需要改变这篇传记中的一个词语，将"温暖的"改成"冷酷的"，被试对这位虚构人物的归因就发生了戏剧性的变化。

如果自传中包含了"温暖的"这一形容词，被试随后就会将这个虚构人物归结为"慷慨的""好交际的"和"幽默的"；如果包含了"冷酷的"这一形容词，被试就会将他形容为"刻薄的""沉默寡言的"和"一本正经的"。阿希由此推断出"冷酷的 - 温暖的"这一人格维度就是他所说的"核心特质"的一种，是会对其他归因造成强有力影响的一种特质。

无意识的偏见

核心特质与另一个相似的现象有关，那就是"晕轮效应"。这是指围绕某一特质或特征的积极归因会蔓延至其他方面，就好像某个人或某样事物自带一圈光环将美化的光彩都投射向其自带的所有特质属性上。1907 年这一现象首次被观察到，而直到 1920 年才由爱德华·桑代克命名为"晕轮错误"。

　　一个典型的例子就是人们会认为那些具有身体吸引力的人是更聪明的、更讨人喜爱的、更能干的，等等，而这仅仅是以貌取人。与晕轮效应相反的是尖角效应（或可称为"给狗取了个坏名字"效应），即某一消极归因触发了其他消极归因。例如，如果老师认为这篇论文是某位问题学生写的，那么与他们相信这篇论文是由一位模范学生所写的时候相比，老师可能将会给这篇论文以更为严苛的分数。在像种族歧视和性别歧视等有关偏见的研究工作中可以看到晕轮效应和尖角效应的身影。例如，男性化与掌控、能力和理性等积极特质都存在关联，然而女性化则可能与情绪化、软弱和胆小等特质联系起来。甚至名字和面孔都能触发自动化的评价判断和假设性想法。

从众的需要

　　因罗伯斯山洞实验而名声大振的穆扎费尔·谢里夫在 20 世纪 20 年代凭借一项绝妙的研究获得了博士学位，该项研究展示了群体成员关系和社会互动在塑造认知这样的基础心理过程上的威力。自愿参加该项研究的被试们进入到一个漆黑一片的房间中，一束光线照在墙上形成了一个光点。

　　尽管这一光点是静止不动的，但由于眼部肌肉会产生自主运动（不随意的，常常无法察觉到），因此当身处缺少任何可以作为参照框架的昏暗房间时，受测被试会知觉到光点看起来就像在移动。

谢里夫安排三名被试进入房间并要求他们大声说出对光点的移动距离的估计值。因为被试纯粹是在主观上觉察到了光点的移动，所以每个被试给出的估计值也应是各不相同的。但谢里夫却发现他们所给出的估计值很快地会聚至一点。

每一组都在未征求他人意见和相互讨论的情况下，心照不宣地给出了一致的光点移动距离估计值。

一周后再对被试单独施测，被试仍然没有摆脱同组最初给出的估计值，谢里夫下结论道，这一结果表明他们内化了心照不宣的共识规范。社会认知的威力（在这一案例中是指渴望与他人达成一致意见）足以强到影响知觉。

判断线条

1951 年，所罗门·阿希的从众实验是一次对上述效应更为著名的演示。阿希要求被试比较一条线段与其他三条作为参照的线段，并判断这三条线段中的哪一条与给出的这条线段相同。正确答案是显而易见的，但如果被试是作为一个小组的一员接受测验时，而这一小组的其他成员都被告知要给出同一个错误答案时，阿希发现，通常有三分之一的受测被试将附和多数人的意见，即便这些人明显给出了错误的答案。有四分之三的被试至少从众了一次，而只有四分之一的被试没有从众。

这一实验能被用于解释第二次世界大战的现代惨剧并回答了为何有如此多"平凡的"德国人会在表面上支持纳粹党的谜题。1980年的一次重复性研究发现在396次中只有1次有人从众于不正确的判断，这暗示了阿希的研究发现是那个更为毕恭毕敬和崇尚从众的时代的产物。

服从命令

阿希的研究只是一系列阐明有关纳粹之流的挑战性心理学难题的社会心理学实验之一。其他还包括有米尔格拉姆的服从权威研究和斯坦福监狱实验这两项更具争议性的研究。

1961年，美国社会心理学家斯坦利·米尔格拉姆（Stanley Milgram，1933—1984）张贴了招募男性被试的广告，在广告上宣称这是一次对学习的研究。之后发生的事情是受测被试被划分为"学习者"或"教师"的角色，表面上是采用了随机分组的方式，但实际上所有"学习者"都是米尔格拉姆的同伙。

随后"教师"会看到学习者被佩戴上接受电击的装置。教师进入到另一间房间并被告知可生成电击的装置的操作方法（他们并不知道这套装置是假的），装置上面有30挡转换开关，从15伏（上面贴有"轻微电击"的标签）到450伏（上面贴有"危险-严重电击"的标签）。

　　一位身着实验室工作服的监督者随后会问学习者一些问题，并指导毫不知情的受测被试在学习者回答"错误"时实行电击。

　　随着电击的威力逐渐增强，教师（受测被试）能听到从隔壁房间传来越来越响的（假装的）喊叫声和尖叫声。如果被试拒绝对学习者实行电击，"监督者"只会照读"你需要继续完成这场实验"或"你除了继续执行外没有其他选择"这样的早已写好的声明。

　　米尔格拉姆发现有三分之二的教师将继续执行直到电击强度已达到最大伏数。

　　米尔格拉姆总结道："成人这种甘愿服从几乎任何由权威所下达的命令的极端意愿，是本次研究所获得的最首要发现，也是最迫切需要找到解释的事实。"米尔格拉姆的实验在今天被认为是违反伦理的，而且的确有许多被试都对他们的这段经历感到惶惶不安。

斯坦福监狱实验

　　在加利福尼亚的斯坦福大学就职的菲利普·津巴多（Philip Zimbardo，1933—）对米尔格拉姆的权威服从实验进行了改编，以表明当受测被试穿着自己那套附有大名牌的服装时要比穿着实验室工作服时更有可能给我们造成糟糕的冲击。他猜想制服和角色可能作为暗示或准许服从权威的线索之一，并设计了心理学史上最为臭名昭著的实验之一。

1971 年，津巴多张贴了一份广告来招募健康的年轻男性作为一项罪犯 / 狱警角色扮演实验的志愿者，并且这些被试会被随机分配为其中的一种角色。"狱警"会得到包括米黄色制服、警棍以及墨镜在内的全套装备，并只是被告知要将这些罪犯监禁起来以及不能使用暴力。

"罪犯"则经历了一场逼真的模拟逮捕行动，他们穿上长外衣，套上尼龙帽，并被铐上脚镣，然后就被囚禁在斯坦福大学心理学院的地下室。这里已经被仿造成了一座合理的仿真监狱。狱警和罪犯都在一开始就被告知他们的角色都是随机分配的结果并且他们随时都可以退出实验。

这项实验最初计划要持续 2 周的时间，但实验只持续了 6 天就出现了引人注目的变化。罪犯和狱警的角色代入程度令人触目惊心。罪犯变得逆来顺受、俯首帖耳以及木讷寡言，就好像他们忘记了自己是基于自愿原则而来到这里的。而那些狱警们变得咄咄逼人、颐指气使并且越来越暴虐成性。他们对待罪犯的方式也变得越来越残暴不仁，最终一些罪犯表现出心理受创的症状，致使津巴多中止了这项只进行了不到 1 周的实验。

尽管斯坦福监狱实验自那时起就一直备受争议，它似乎证实了由社会或文化所创造的"社会脚本"，能够通过制度和角色的中介作用，对行为造成深刻的影响。这似乎表明，借助一些像制服和墨镜这样的简单的道具，每个人都有可能会变成一个施虐狂。

5. 你所需要知道的心理学发展历程

我们所熟知的"发展心理学"就是有关心智是如何发展以及如何学习的研究，发展心理学的一些方面与哲学之间存在着交叉，会触及一些由来已久的争论，比如先天论和经验论这两种对知识和习得持有不同看法的哲学流派间的争论。

经验论、唯理论和先天论

经验论认为所有知识都从经验中来，并且它在发展的方面引入了一个将婴儿的心智比作白板的概念，即心智并不具有先存的认知结构，而是随着儿童与外部世界的相互作用而不断发展的。但大约自柏拉图（Plato，公元前428—前347）时代起，经验论受到了挑战。颇为有趣的是，柏拉图用一个感觉相对论的例子来驳斥认为所有知识都必须来源于对外部世界的经验的这种主张，并指出了经验可能是具有误导性的。

如果一个人从暴风雪天气的室外走进房间内，而另一个人则是从生着炉火的地方走进这一房间的，他们将在这个房间是热是冷的问题上出现意见分歧。这一实验有一个通俗的现代版本，它被用于教导孩子们感觉是如何运作的——孩子们把一只手放在一碗热水里并把另一只手放在一碗冰水里，然后将两只手没入一碗温水里，并尝试判断这碗水的温度。

柏拉图主张的观点就是我们所熟知的"唯理论"，即理性和逻辑是知识的基础（逻辑能说明某些事必然是正确的，比如2+2=4）。但是他也认可另一种观点，即先天论，它提出了知识是与生俱来的或是产生于心智。经验论、唯理论和先天论之间的争论将呈现在发展心理学的发展历程及其最富影响力的理论中。

可能第一个试图科学地研究孩子的发展心理学的人是查尔斯·达尔文，1877 年，他出版了基于对他儿子杜但的观察以及他儿子是如何尝试进行沟通交流的一项研究。随后在 1882 年，德国心理学家威廉·普莱尔（Wilhelm Preyer，1841—1897）出版了影响深远的《儿童心理》（*The Mind of the Child*）一书，标志着发展心理学正式成立。这本书同样是基于对自己孩子的仔细观察，普莱尔的研究是基于对自己女儿出生后两年半生活的观察。

弗洛伊德的心理性欲发展理论，从口唇期到性器期

弗洛伊德将童年视为贯穿一生的人格特质（包括正常的和神经症的）的试验场。他认为核心的驱动力是"力比多"，这是一种自出生起就存在的心理的性能量或驱力。这一观点促使他进一步提出了心理性欲发展理论，使用每一阶段所关注的性欲能量集中的性感带来定义这些发展阶段。这些关键的发展阶段包括以下几个方面。

口唇期①，集中在嘴巴和双唇上，此时的快感来源于吮吸液体和将食物及其他东西放进嘴巴里。弗洛伊德认为这种口唇期"风格"预示了随后的人格类型。例如，如果婴儿固执于把东西放到嘴里（被称为"口腔合并"）就可能在随后的人生中变得贪婪且看重物质。那些用嘴表现出攻击性且喜欢咬东西的婴儿可能在随后的人生中成长为具有诸如冷嘲热讽、尖酸刻薄等特质的人，可以用像这样的词语形容他们，"啃咬"聪明才智以及"喷射"胆汁②。

大概在 1~2 岁时进入肛门期③。他们关注的焦点开始转移到

---

① 一般在心理学教科书上都将口唇期定义为出生后至1.5岁的阶段。

② 根据弗洛伊德的观点，在口唇期遭受挫折会使得个体在随后发展出口唇期-攻击型人格，具有这类人格倾向的人喜欢与人争论，故此处形容他们有"啃咬"聪明才智的特征，而且这类人常表现得尖酸刻薄。黄胆汁过多会导致胆汁质，而具有胆汁质人格的人常表现出暴躁且易怒的特点，故此处形容口唇期-攻击型人格的人有"喷射"胆汁的特征。

③ 一般在心理学教科书上都将肛门期定义为1.5岁~3岁的阶段。

新发展出的对肠道和膀胱的控制上，以及源于保留和排出粪便所产生的性欲能量。弗洛伊德指出如厕训练会对后续的人格发展产生决定性的影响。因不能控制肠道而受到严厉批评的幼儿可能出于对不恰当排便的恐惧而开始形成肛门期－控制型人格。这在随后的人生历程中可能表现为吝啬和自私的特质。因顺利排便而得到夸奖的幼儿可能开始形成肛门期－排泄型人格，他们更有可能成长为慷慨大方且富有创造力的人。

弗洛伊德认为儿童在2~3岁之间进入性器期①。尽管将这一发展阶段称为"生殖期"要更为准确，因为他认为对于男孩和女孩来说，这一阶段的力比多都集中在生殖器附近，但在弗洛伊德的术语体系中，生殖期却要来得更晚些，大概在青春期。在性器期，火热的心理性欲戏码在幼儿无意识的脑海中上演，从而导致了像阉割焦虑、阴茎羡妒、恋母冲突（男孩会发展出想与母亲乱伦以及想与父亲一争高下的欲望）以及超我的形成等现象。

紧跟着性器期而来的是潜伏期②，只有当力比多在青春期时再次爆发释放才能触发生殖期③。在这一发展阶段，青少年的情感和欲望的对象从父母转向了同龄人，并且心理性欲从纯粹的自恋欲望发展成能与他人共享的欲望、利他欲望以及爱的欲望。

---

① 一般在心理学教科书上都将性器期定义为3岁~6岁的阶段。

② 一般在心理学教科书上都将潜伏期定义为6岁至青春期的阶段。

③ 一般在心理学教科书上都将生殖期定义为青春期之后的阶段。

弗洛伊德对性和生殖器的强调使与他同时代的人倍觉反感，并且他的许多追随者都因此转变成反对他的人。尽管他的理论具有广泛而深远的文化影响力，但这些理论并没有对发展心理学造成太大的影响，因为它们缺乏证据和实验验证的支撑基础。

斯金纳和他的育儿箱

实验的重要性，以及立足于观察所得构建理论的重要性，正是心理学的行为主义学派身后的助推力。行为主义学派是彻头彻尾的经验论者，它提出学习通过与外界环境相互作用而发生，这一过程就是我们所熟知的条件反射。巴甫洛夫对狗的研究工作论证了逐渐为人所熟知的经典条件反射，即行为是由环境中的某一刺激所引发的反应。富有影响力的美国行为主义学家 B.F. 斯金纳（B.F. Skinner，1904—1990）提出了操作性条件反射[①]的概念，即可以通过强化习得（或者可能更准确地说训练）行为。

受巴甫洛夫"控制环境，然后你将看清行为的内在秩序"这一格言的启发，斯金纳在被严格控制的环境中，设计了一套装置以在小鼠或大鼠的身上论证操作性条件反射。这就是日后

---

① 准确地说，操作性条件反射这一术语是由凯勒首创，随后才被斯金纳采用。在斯金纳之前，桑代克也做了相关的研究，他设计了迷箱装置并提出了效果率，这一研究被称为工具性条件反射。

为世人所熟知的斯金纳箱，这是一个不透光且隔音的立方体，通常每条边长约为30厘米，内部含有一个"操作装置"（或称"操纵装置"），这是一种被按压就会触发奖赏释放（如使食物落入一个漏斗中）的装置，包括杠杆和按钮等。操作装置为任一形成条件反射的任务或行为提供正强化。负强化则通过巨大噪声或触电地板来进行。

斯金纳相信操作性条件反射能通过正或负强化从本质上解释所有的人类行为，包括童年期的发展。他力图将这些理论应用在自己的孩子身上。众所周知的是，1944年，他为自己的女儿设计了一个"空气婴儿房"（或称"育儿箱"）。这是一个可以控制内部环境的婴儿房，它可为婴儿提供一个安全、卫生、清洁且舒适的空间，从而将婴儿从过度束缚的襁褓中解放出来，并可使父母拥有更轻松的生活。他在设计时将这一婴儿房中睡觉的区域抬升至更方便父母的高度，同时也使得婴儿不需牺牲安全就能获得一个更好的优势位置。

斯金纳的女儿在出生后的两年内都在这个婴儿房中睡觉和嬉戏，并且约有300个商业生产的空气婴儿房被售出。后续的研究表明它们或许可以有效提供安全且有利的环境，但这些婴儿房从未流行起来过。大众开始不可避免地将空气婴儿房与斯金纳箱及其背后所暗指的那些遭受着非人条件反射试次的被幽禁的实验室动物混为一谈。

» 巴甫洛夫的狗

1904 年，俄国生理学家巴甫洛夫因他在犬类消化及唾液分泌的神经控制方面的研究工作而荣获诺贝尔奖。在此过程中，他已经能熟练运用活体手术技术（即用在有生命的实体身上）来收集狗体内的唾液和胃液分泌物，这提供了一种调查并量化相应心理过程的行为反应的实验手段。巴甫洛夫观察到狗在看见那些为它们带来食物的工作人员时会开始分泌唾液，他称这一反应为"心理唾液分泌"。

通过继续探究这一反应，巴甫洛夫得以证明狗能够形成经典条件反射，即能转而对像铃声这样的中性刺激产生与原本的自然刺激（感觉到食物）一样的唾液分泌反应。他发展了一套专业术语来描述这一过程。狗从对无条件刺激（UCS）做出无条件反应（UCR），到对条件刺激做出条件反应。这套术语甚至适用于代数的公式化表达。

班杜拉的社会学习

尽管行为主义在第二次世界大战后失宠了，但条件反射仍被认为在很大程度上解释了学习行为。特别是在美籍加拿大裔心理学家阿尔伯特·班杜拉（Albert Bandura, 1925—）的社会学习理论中，它充当着联系行为主义和认知心理学的某种桥梁，而且班杜拉的理论中甚至包含了弗洛伊德学说的要素。在班杜拉的模型中，操作性条件反射是认知过程的中介，特别是在孩子观察社会榜样并将观察所得用于构建心理模型的时候。他说孩子们观察着周遭的世界，对他们所看见的行为进行编码，并在随后尝试通过后续构建的心理模型来模仿其中的某些行为。波比娃娃实验是其中一个著名的证明演示。这些作为结果呈现的行为，并非接受了社会情境中的正或负强化反馈的结果。

这一模型有助于解释性别特异性行为的起因等问题。根据社会学习理论，男孩和女孩会模仿那些被标榜为恰当的角色榜样的行为，并且他们是会接受正强化还是负强化取决于他们的行为在何种程度上符合刻板化的性别角色。这相应地起到了塑造孩子们的行为的作用。

班杜拉用弗洛伊德学说的概念来解释模仿的动机以及它对孩子的影响。弗洛伊德论述了儿童将如何寻求认可，以及如何通过认同某一角色榜样并内化他们所钦佩的形象来增强自尊。类似地，班杜拉主张孩子通过模仿另一个体的行为，也能模仿这些人的信念、态度和价值观。

联结与依恋

行为主义常常被描述为冷酷且毫无人情味的，因为它倾向于不考虑或贬低认知和情绪为"只不过"是些条件反射的反应。

例如，根据行为主义学派的基本原理，儿童对他们父母的依恋只不过是一种有企图的爱，一种对父母供应的资源的理性反应。一种对婴儿哭声的行为主义学派的解释是它作为一种令人不快的刺激会引发父母的照顾反应以减少该刺激。这一论证有一点显而易见的缺陷，即父母要想不暴露在这一消极刺激下的最简单方法是离开婴儿而不是与婴儿建立联结。

鲍尔比的依恋理论

另一种更富有人道主义的理论取向始于英国精神科医师约翰·鲍尔比（John Bowlby，1907—1990）的研究工作。他在20世纪30年代和40年代针对问题儿童所开展的研究工作促使他形成了童年期忽视（childhood neglect）和随后的情绪问题之间存在联系的观点。鲍尔比持有先天论的取向，建立了进化使人类具备一种会形成依恋的天生倾向的理论。他受到奥地利动物行为学家康拉德·洛伦兹（Konrad Lorenz，1903—1989）在20世纪30年代所进行的研究工作的影响，这项研究工作是关于动物的印刻现象的。

鲍尔比的论据如下，他深信依恋赋予了婴儿寻求舒适和保护以及父母想要为婴儿提供这一切的进化意义。

相应地，动物将会进化出物种特异性机制来促进联结和依恋，而人类也并无二致。婴儿会本能地表露出鲍尔比所说的"社会刺激"（如哭声）来引起成人的看护照顾反应，这些成人本能地配备有可做出回应的程序。

孩子和成人都配备有能形成依恋联结的程序，并且鲍尔比提出，至少在最开始的时候，儿童会本能地形成一种首要的依恋。他并没有将这种依恋视为一种纯粹的交易性现象，而是视为一种"人与人之间持久的心理联结"。

这种依恋是孩子随后能获得健康、适应良好的发展的基础，它赋予了婴儿以安全感和自信心来探索世界并冒着风险与他人互动。

鲍尔比也相信早年缺乏依恋（又被称为"母爱剥夺"）可能会对随后的人生造成严重后果。受到忽视或遭受母爱剥夺的孩子将会表现得退缩且有发展障碍，并且将会把这些适应不良的行为和心理一并带入到成年生活中。鲍尔比将母爱剥夺与包括行为不当、智力下降、攻击性以及抑郁症在内的后果联系起来。哈里·哈洛（Harry Harlow，1905—1981）对猴子实行的母婴分离实验为鲍尔比的理论提供了一些支持性证据。

》波比娃娃与玩耍／攻击性

班杜拉通过使用"波比娃娃"实验来构建模型以论证其社会

学习理论。"波比娃娃"是有着重量底基的大型充气式玩具[1]，表面涂画成小丑的样子，它能在被打翻后又再弹回来。在他的研究中，当3~6岁的男孩和女孩正在一个房间里玩耍时，一个成年人走了进来并开始重击且踢踹一个成年人尺寸大小的波比娃娃。当这些孩子随后和一个孩童尺寸大小的波比娃娃一起玩耍时，班杜拉发现那些观察了成年人攻击性"榜样"的孩子们要更可能以攻击性的方式对待这个娃娃，并且男孩比女孩要更可能表现出攻击性，同时他们也更有可能模仿男性成人的行为。此外，通过录像带观看这类行为也能够促发攻击性反应。

班杜拉总结道，该研究为他所提出的社会学习理论提供了强有力的支持，并且它常作为证明暴力画面（例如在电视上或录像带上所播放的）会"污染"易受影响的年幼心灵的证据而被加以引用。然而，该研究已因曲解了孩子们的反应而遭到批评，由于他们的攻击性行为很可能是更具游戏性的而非暴力性的，并且孩子们之所以这么做是因为觉得别人会要求他们这么做。

当猴子离开母亲而被抚养长大

哈洛是一名美国心理学家，自1959年起，他就对幼小的恒河猴实行了一系列颇具争议的实验以探讨母婴分离和婴儿的依

---

[1] 类似于中国有着悠久历史的儿童玩具"不倒翁"。

恋需求问题。新生猴子在刚生下来时就被迫与它们的母亲分离，并与两位代理"母亲"一同被隔离在笼子中抚养长大。其中一位代理"母亲"只是裸露在外的管状金属丝网，然而另一位则是金属丝外覆盖的一层绒布。哈洛的研究表明即便金属丝网"母亲"身上装有可供应乳汁的奶瓶，幼猴还是更喜欢长时间依附在绒布"母亲"的身上。当哈洛让一位首次露面的泰迪熊鼓手玩具进到笼子里以对这些幼猴造成惊吓时，它们总是会奔向绒布"母亲"。

» 洛伦兹、"一见印刻"和"一见依恋"

康拉德·洛伦兹因他对鹅的印刻现象所做的研究工作而逐渐闻名于世。他发现在小鹅孵化时存在着一段关键期，它们会对进入自己视域内的任意事物形成强烈的依恋，也就是说它们在基因层面上配备了对重要视觉刺激形成印刻的程序。事实上，这一刺激物将会成为它们的看护者。

洛伦兹针对这一现象做了一次引人注目的演示，他将同一批鹅蛋分成两组进行孵化，并让一组小鹅对一只母鹅形成印刻，而另一组小鹅则对他形成印刻。这些小鹅随后被混合在一个盒子下面，而洛伦兹和母鹅则各自站在相反一侧，当盒子被揭开时，这群小鹅会井然有序地走向它们最初被分到的那一边，即一组小鹅会走向洛伦兹而另一组则会走向母鹅。

洛伦兹和其他研究者发现这段关键期只限于孵化后的 12~17 个小时内，并且如果在 32 小时之内都没有发生印刻，那么将再也不可能形成印刻。印刻被认为是一次性的、不可逆的事件。洛伦兹已经证明了至少对于某些生物来说，依恋是一种本能的、固有的反应。

哈洛猴子实验似乎证明了这几点。依恋背后不只有食物作为驱力，安全和舒适被赋予了更高于食物的优先级。当这些被单独抚养的幼猴成长为成年猴子时，哈洛发现它们会表现出失调或"不良"行为。它们很难与其他猴子建立关系，它们表现得退缩且具有攻击性，并且它们不懂如何进行交配。当被单独抚养的雌性猴子成为母亲后，它们会疏于照管自己的孩子。

然而，有批评指出这些被单独抚养的幼猴的不当行为可能只是简单地反映了它们在童年期缺乏母亲的管教以及缺少可供学习社会行为的角色榜样的事实。

有趣的是，后续的一项研究还表明母爱剥夺的影响至少能被部分地逆转——这与鲍尔比的主张相反。通过让一类素未谋面的猴子"治疗师"（比被单独抚养的猴子要更年幼的雌性猴子）与它们共用一间笼子，这些原本被单独抚养的猴子会被诱导向更具社会化和适应性的方向发展。

1962 年，哈洛比较了被绒布母亲抚养长大的猴子和那些被完全隔离抚养长大的猴子，不幸的是，他发现后者表现出极端的失调行为，如抱紧自己并前后摇晃，还有在稍后介绍它们与其他猴子认识时，它们会表现得惊慌失措并具有攻击性，而且还有自残的倾向。哈洛随后在伦理层面上广受批评。

依恋类型和陌生情境

依恋并非一成不变的单一过程。根据1964年的一项研究，婴儿在出生后的最初3个月内会对任意照料者表露出无差别的依恋，但从第4个月起，婴儿能识别出首要的照料者，并且从第7个月起，他们会对某位照料者表露出明显的偏爱。在婴儿12~18个月大时，婴儿会对这位照料者怀有强烈的依恋并在被迫与看护者分开时变得非常痛苦，这就是我们所熟知的"分离焦虑"。然而，依恋的最终目标被认为是促进分离，探索外部世界并成长为一个独立个体的过程。

1978年，加拿大籍美裔发展心理学家玛丽·安斯沃思（Mary Ainsworth，1913—1999）进行了一项调查不同依恋类型对分离的影响的著名研究。她使用了陌生情境范式，在以下的一系列情境中检验了12~18个月大的婴儿的表现。母亲在场时一同玩耍的表现，见到一个陌生女人进屋并与她独处时的表现，以及婴儿自己被留在屋内随后再与母亲团聚时的表现。安斯沃思基于对婴儿是如何对不同的情境做出反应的观察，描述了三种依恋类型[1]的特征。

安全型依恋的婴儿能快乐地在一个陌生房间中探索，但这视乎他们的母亲而定。当母亲离开房间时，他们会哭闹，陌生人没法安抚他们，并且他们在与母亲团聚时会寻求与她接触。

焦虑 - 回避型婴儿对他们的母亲不是很感兴趣，而当他们被独自留在屋内时可能会哭闹，陌生人能安抚他们。

矛盾型婴儿即便是当母亲在场时也会哭闹并且显得没有安全感，他们因与母亲分离而变得非常痛苦，但当母亲回来时又表现得很矛盾，既寻求与母亲接触但又将她推开，而且他们不肯被轻易地安抚。

安斯沃思的依恋分类因其还原论、过分简化、不完备和太武断的缺点而受到批评，并且她还将正常行为视为病态，并据此而暗中指责母亲（正如将自闭症归因于"冷若冰霜的"母亲那样）。

学会思考

无论是行为主义还是依恋理论都没怎么谈到有关认知发展的内容。这一领域中的两位知名人士分别是瑞士科学家让·皮

---

[1] 美国心理学家玛丽·梅恩随后在1990年时提出了第四种依恋类型，即"混乱型"依恋，指那些对陌生环境和依恋对象都表现出恐惧的婴儿。

亚杰（Jean Piaget，1896—1980）以及苏联心理学家利维·维果斯基（Lev Vygotsky，1896—1934），他们试图解释孩子们如何以及为何能学会思考并变得社会化，还有这两个过程是如何相互影响的。

皮亚杰和建构主义

皮亚杰曾研究过自然历史和哲学，但随后被心理学所吸引，并大约在1920年的时候与法国心理测量学家阿尔弗雷德·比奈（Alfred Binet，1857—1911）共事。当皮亚杰为这些作为现代智商测验的前身的试题评分时，他注意到年幼孩子都一致地犯了同类错误。他深信这背后蕴藏着孩子们的思维必然不同于更年长者的这种可能性，而这种想法促使他提出了一个将会变得包罗万象的理论。它包含了所有儿童都需经历的认知发展的普遍阶段。他的理论取向（或称哲学理念）有时被称为"建构主义"，因为这种理论将学习当作一种建构的过程，尽管他认为自己是一名遗传学认识论者①。

皮亚杰研究了儿童解决问题以及与世界交互作用的方式。通常来说，他会对一个被要求玩耍或解决某一问题的儿童个体

---

① "认识论"就是有关知识和暗含着起源的"遗传学"的研究，因此遗传学认识论者是指研究知识和学习的发展的人。（作者注）

进行观察，特别是在他们被要求采取新方式来玩耍或解决问题的时候。皮亚杰用超过 60 年的时间逐渐建立起了一个包含了四个主要阶段的有关智力发展的模型。

感觉运动阶段（0~2 岁）。
前运算阶段（2~7 岁）。
具体运算阶段（7~12 岁）。
形式运算阶段（12 岁以上）。

皮亚杰说，在每个阶段，儿童能达到不同层次的精通水平，并且这一进程并非必然是线性的。尤其是后面的那些阶段，他设想其进程应为某种螺旋式上升状，在某一阶段所取得的进步能够重新修正更早期的阶段，这反过来能有助于收获更多的进步。

» 现在你看到它，现在……

客体恒常性是一种能理解即便在看不见这些物体的时候它们依然存在于此处的能力。不足 8 个月的儿童看见了喜欢的玩具会表现出开心的样子，但随后如果用一块掩蔽板将玩具挡住，那么他们可能只会显得很困惑、很沮丧，或只是简单地离去。因为这个阶段的婴儿不具备不假思索地去查看掩蔽板后方的能力，他们似乎只能立足于"如果看不到那个玩具，那么它必然不存在于此处"的基础来行动。

与此相似，那些前额叶皮层（这是与更高级水平的推理和计划相联系的位于大脑前部的区域）受损的猴子无法表现出客体恒常性，这暗示了不足8个月大的婴儿的前额叶皮层还没有成熟到能发展出这种能力。客体恒常性不同于那种儿童所持有的"如果自己看不见这些物体，那么它们也不可能被他人所看见"的信念，但这可能解释了他们为何在大人遮挡自己的脸来和他们玩"躲猫猫"这样的游戏时会开怀大笑。

从自我中心到不变性

在"感觉运动"阶段，婴儿一开始只具有先天反射的能力，随后会发展出重复动作和摸索新动作的能力，并伴随着开发出将外部事物表征为心理概念以及客体恒常性的观念和意向性[①]这样的认知成就。

在"前运算"阶段，儿童受限于自己的视角（自我中心）且只能聚焦于情境中的某一方面，无论吸引他们注意力的是什

---

① 理解自己、其他人和事物可具有含义和目标。（作者注）

么。他们的思维进程没有任何逻辑可言，正如他们通过简单的并列方式而从一个概念跳跃到另一个概念，并且他们无法对自己的思维做出解释。

这些局限性在"具体运算"阶段会被慢慢化解，此时儿童会获得不变性（或守恒）的概念，一种能理解在经历了转换后总量仍保持不变且性质限定的能力。例如一根紧挨着一根地排队成列的六根火柴和排列成方形的六根火柴是一模一样的，或者说某一流体的体积无论是盛在浅口碗里还是狭长玻璃杯里都保持不变。

不变性是依照一套顺序习得的，包括数量、长度、质量、面积、时间和体积。在形式运算阶段，青少年学会形成有关心理模型及假设的概念并能熟练地运用它们，这使得他们能进行更高阶的思维活动。

心理理论

被心理学家称之为"心理理论"的重要认知能力并非儿童与生俱来的。这是一种能识别出他人怀有想法并能明白他们可能在想什么的认知能力。一个对其中的含义展开具体说明的经典例子，是幼童会遮挡住自己的眼睛并认为这么做会让他们变得隐形；因为他们无法看见其他人，他们就相信自己也不会被别人看见。

1978 年，黑猩猩首次被研究用于心理理论的系统化陈述。灵长类动物学家大卫·普雷麦克（David Premack）和盖伊·伍德鲁夫（Guy Woodruff）进行了一项测试，内容是让黑猩猩选择一位能够帮其获取食物的人，可以是被蒙住双眼的训练员或是能看见食物被存放在哪里的训练员。他们发现黑猩猩的成功率并未优于它们随机猜测时的表现，并由此得出黑猩猩不能站在蒙眼训练员的角度设身处地思考的结论。它们只能从自己的视角出发看问题。在皮亚杰的模型中，这可能与所谓的自我中心阶段相吻合。

心理理论是一种可解释自闭症潜在机制的关键概念。自闭症这一病名被用于指代可能与某些关键维度上的认知发展障碍有关的病症。严重的自闭症儿童常常不能通过莎莉 - 安妮测验，例如，任凭岁数增长，他们可能仍旧缺乏心理理论的能力并且罹患有某种"心理盲"。

不能对他人的心理形成概念会使得社会互动变得极度困难，这就好比要在无法看清对面球场的情况下打网球。出于同样的原因，习得心理理论有着显而易见的适应性价值，它使得某人有能力预测和操纵他人的思维、感受和行为，例如，能知道某人正在撒谎，或者知道如何撒一个令人信服的谎言。并且心理理论可能是人类认知进化进程中的一座至关重要的里程碑。

"权术主义的智力假说"是一种有关智力的进化的著名理论，即智力是社会智力和日益增长的社会复杂性之间的反馈回路的进化结果。心理理论对于促进这一进化过程来说是至关重要的。从更为积极的一面来看，心理理论还是同情心和共情的根源，并因此巩固了亲社会和合作性行为的基础。

» 幼事遗忘和神经发生

尽管有些人声称自己记得出生后最初几个月乃至出生时的事情，事实上人们在最初18~24个月大的时候是不可能记住任何事的，并且通常在3~3.5岁之前都不可能做到，这一观点已被广泛接受。

7岁大的时候，儿童会形成比预期受普通遗忘的影响更少的长时自传体记忆。弗洛伊德将这一现象称为"童年期遗忘"。弗洛伊德将其视为支撑自己理论的证据，即婴儿期记忆被主动地阻断或压抑是心理性欲发展的组成部分。

另一个理论认为，没有语言，幼童无法以能被记载的方式进行概念化，但这并不能解释为什么在动物身上也发现了幼事遗忘的现象，并且这与那些表明即便是新生儿也能习得并形成记忆的研究相矛盾。如果确实形成了记忆但随后这些记忆又变得不可提取，那么它们可能已被抹去或被覆盖重写。现认为在年幼的动物身上，情景记忆的关键脑区（如海马体）仍在不断生成新的细胞，而且这一神经发生的过程重写了早年的记忆。当神经发生的速度有所减缓时，长时记忆就得以存留。

» 莎莉－安妮实验

一个检验儿童的心理理论的极佳测验是莎莉－安妮实验，这个实验往往考察儿童对错误信念进行归因的能力。学会理解他人可能持有的错误信念（以及会采取的相应行动），即便是在受测试儿童提前知道更多信息的情况下。

一名儿童观看用两个名为莎莉和安妮的娃娃表演的话剧。安妮看到莎莉把一个球放进一个篮子里，但当莎莉离开，安妮把球转移到一个盒子里，莎莉随后回来拿她的球。然后受测儿童被问道："莎莉将会到哪里去找她的球？"

3 岁以下的儿童，就像是普雷麦克和伍德鲁夫研究中的黑猩猩，无法设身处地地站在他人的角度上思考，因此他们会假定因为自己知道球在哪里，莎莉必然也是知道的，所以她将会去盒子那里找球。已发展出心理理论的 4 岁以上的儿童将能够明白莎莉会持有错误信念，所以她将会去篮子那里找球，因为她依旧相信球还装在篮子里。

» 自闭症和阿斯伯格综合征

"自闭症"来源于希腊语"自我"，这一术语在 20 世纪早期首次被用于描述在临床上表现出抗拒的精神分裂症患者。

1943 年，美国儿童精神科医师里奥·肯纳（Leo Kanner，1894—1981）使用"婴幼儿自闭症"这一术语来描述具有高智力但表现出"一种非常强烈的独处欲望"以及"过分强调长期一成不变"的一组儿童。

1944 年，德国科学家汉斯·阿斯伯格（Hans Asperger，1906—1980）首次描述了这一以他的名字命名的综合征，它与有着强迫症式的兴趣和社会化低下的高智力儿童有关。

阿斯伯格综合征现被视为那些在自闭症特质维度中靠近神经正常一侧末端的儿童，而严重的自闭症儿童则位于另一侧的末端。自闭症领域的诸多方面都是充满争议性的，从对病症的特性描述和污名化，到确诊率和已知患病率的急剧攀升，再到可能的起因。例如，美籍奥地利裔儿童心理学家布鲁诺·贝特尔海姆（Bruno Bettelheim，1903—1990）提出了一个曾在 20 世纪 60 年代普遍流行但现在被认为是仇视女性且不可信的理论，该理论将自闭症的形成与情感淡漠且疏离的（所谓的"冷若冰霜的"）母亲相关联。

维果斯基、社会和文化

皮亚杰有关智力发展的理论聚焦于个体且普遍通用，因为它断言所有的儿童都会经历相同的阶段。而另一个关于认知发展的极具影响力的理论是由苏联心理学家利维·维果斯基所提出的，这与皮亚杰提出其理论的时间大致相同，都是在 20 世纪的 20 年代至 30 年代。

他的"社会发展理论"强调社会和文化的重要性，因此反观皮亚杰理论中几乎是在真空中发展的儿童，维果斯基理论中的儿童发展是社会输入的结果并且具有文化特异性。对于皮亚杰而言，智力发展要领先于学习并且这种发展使得学习成为可能，但维果斯基认为是学习触发了认知发展。

乔姆斯基和与生俱来的语音装置

在皮亚杰的模型中，语言是思维的结果，即儿童首先发展出概念，然后发展出说这些概念的字词。维果斯基看待这一问题的角度则正好相反，即认知技能的发展最初是独立于语言发展之外的，但随后从对语言的内化中获得了助推力并产生了言语思维，所以语言习得推动着认知的发展。

但这两个模型都面临着要解释非常年幼的孩子已能展示其习得语言技能的非凡速度和才能的挑战。例如，新生儿能再认出在子宫内听过的语音模式，而 1 岁以下的婴儿能利用像音节重读这样的线索将语言解析为词"组"。大多数 3 岁儿童已经能学会理解和创作出全新的句子，这种能力被美国语言学家诺姆·乔姆斯基（Noam Chomsky，1928—）称为"生成语法"。

乔姆斯基有关语言习得的理论是先天论的，与行为主义学家将语言习得视作包含模仿、重复和强化的过程的经验论解释形成了对比。乔姆斯基认为，行为主义学家主张的机制不足以解释清楚婴儿是如何在如此短的时间内，从他所描述的"相对贫乏的语言环境"（即成人用于与婴儿沟通交流的那套婴儿语言）中学会复杂规则的。乔姆斯基相信儿童天生配备有某种固有的认知模块或工具，他称其为语言习得装置，它是基于由基因所编码的普遍语法规则所建立的。

现认为乔姆斯基对儿童所接收的语言输入的特性的主张是错误的。人们相信婴儿暴露在可为他们的学习提供脚手架的丰富而差别细微的一连串句法以及语义线索中，所以假定存在着某种特殊的语言装置可能是不必要的。

学会阅读

学会阅读的心理是格外有趣的，因为它是理论之于应用有着深远意义的一个例证。

关于阅读的主流观点认为，它牵涉到将"字母"（文字符号或字群）解码为音素（语音的单位）的学习。这是我们所熟知的"以过程为中心"的教学方式的基础：最普遍的一个例子就是语音学，它力求为儿童提供一个稳健且易于复制的解码规则的基础。

如果语言和拼法都更为理性的话，解码将会更为直接明了，但它们却往往并非如此（英语尤其充满了各种例外）。

这意味着要详细制定一套可靠的规则是很难的，并且学会解码可能会涉及对"概率关系"（关于什么是可能的经验法则）的精通而不是对规则的记忆，这和要学会一项如接球或骑自行车这样的技能的方式是相似的。

但似乎有一些儿童是通过另一种方式来学会阅读的，他们自发地学会认出所有字词及其含义，而不是探听没有含义的音素。我们所熟知的"以意义为中心的学习"方式被一小部分儿童（"早熟的读者"）所证实，这一部分儿童似乎到了4岁时就自己学会了阅读。自然学习运动主张应该鼓励所有儿童都采用这种方式阅读，正因为这种方式要更富有意义才更让人享受其中。

性别从何而来？

与性相反，性别是对与男性和女性相关的角色和身份的描述。性是由生物学决定的，但是性别从何而来？个体逐渐认同某一由社会文化所决定的性别角色（即当他们承担起一种性别角色身份时）的过程被称为"性别特征形成"。弗洛伊德提出的理论认为在儿童认同自己的同性父母并对相关的品质和特征进行内化时就会发生性别特征形成。这使得他在性别是源于天性抑或是教养的争论中站在了"教养"这一方。

进化生物学主张性别角色是最大化生育成活率的适应性策略的结果。所以，举个例子，男性进化得具有攻击性、冒险性且善于调情，因为他们要获得最多的生育成活机会就需要最大化伴侣的数量（如果有必要会通过打斗的方式来赢得接近异性的权利），并最小化花费在每位伴侣身上的资源。

与此同时，女性进化成擅长教养且表现顺从的样子，因为她们需要最大化可从伴侣那里获取并提供给后代的资源以及呵护。

另一方面，行为主义学派、社会学习以及社会认知理论强调教养，他们将性别特征形成视为社会影响的结果，即强化符合性别的行为并塑造相应的榜样。

尤其是在人类学研究中，有很多引人注目的例子。例如，马达加斯加共和国①的萨卡拉瓦族人会把"漂亮的"男孩子当作女孩子来抚养，并且这些儿童将会采纳女性的性别角色。与此

---

① 马达加斯加共和国（The Republic of Madagascar），是位于印度洋西部的一个非洲岛国，共有18个民族。

相似的是，位于阿拉斯加州的阿留申群岛①上的岛民也会将英俊的男孩子当作女孩子来抚养，在青春期时拔掉他们的胡须并将他们嫁给有钱男人。此外，从表面上来看，这些男孩子们将会轻易地接受被重新分配的性别角色。

非二分的性别身份

土生土长的克劳人②和莫哈韦沙漠③上的美国土著都会承认，或者习惯于承认，除了传统的性别对之外还存在着其他种类的性别身份和角色。在克劳人当中，"男同性恋者"描述的是选择不遵循传统的战士角色甚至能充当战士的"妻子"的男性，这同样能被他的社会所承认。

莫哈韦沙漠的居民据说可承认 4 种性别角色，包括哈瓦密，指的是那些选择像男人一样活着的女性以及亚里哈，指的是那些像女人一样生活的男性，他们甚至会割破自己的大腿以假装来月经并会经历一场仪式性的怀孕。

---

① 阿留申群岛（Aleutian Islands），位于太平洋北部，属环太平洋火山带的一部分，因此大部分岛屿都是火山岛，绝大部分领土范围由美国的阿拉斯加州管辖，唯独其西部属俄罗斯所有。

② 克劳人（Crow），是北美大平原上的印第安民族，又被称为"乌鸦印第安人"。

③ 莫哈韦沙漠（Mojave Desert），位于美国西南部，是南加利福尼亚州东南部的沙漠。

青少年期

富有影响力的美国心理学家兼教育学家斯坦利·霍尔（G. Stanley Hall，1846—1924）在1904年所著的《青少年期》，称青少年期是一段被刻板化为"狂飙突进"式的时期。并且这种观念助长了一种西方流行的有关青少年期的看法，即将青少年期当作一个有着远大前程却也布满荆棘的全然不同的发展阶段，必须小心谨慎地监控、塑造和引导在此期间的生理变化和性欲以防止不道德和违法行为的发生。霍尔很大程度上受到精神分析运动及其对这一发展阶段的解释的影响。这后来形成了我们所熟知的"有关青少年期的经典理论"。

有关青少年期的经典理论

根据富有影响力的后弗洛伊德学派，如艾瑞克·埃里克森（Erik Erikson，1902—1994）和彼得·布洛斯（Peter Blos，1904—1997）的观点，青少年期是一段包含内部冲突且存在着潜在困难或心理创伤以及人格重组的时期。在埃里克森的心理社会理论中，青少年期的危机是指同一性和角色混乱间的冲突，"在生命周期内再不会存在其他阶段会如此紧密地把找回自己的压力和迷失自己的威胁关联起来"。

为了解除这一危机，年轻人必须确立一种自我同一性的感觉，一种"待在自己这具身体内很是舒适自在的感觉，一种知道自己要步向何方的感觉以及一种预期能从重要他人那里获得认可的内部保证"。埃里克森说道，成功后所获得的奖赏是保真，即找到自己真实身份的同时也能接纳他人的差异性。

战后的美籍德裔儿童精神分析学家布洛斯^①称这一追寻自我同一性的旅程为"第二次个性发展过程"，第一次是发生在童年期。

当年轻人为追寻一个独立的身份而减少参与到家庭单元中时，就会导致"倒退"，即通过英雄崇拜来找到可替代父母的人物（例如，流行偶像）。

向矛盾心态倒退，青少年被父母的依恋和赞许所吸引却又心生排斥。为了能摆脱依赖，青少年可能表现出消极依赖，即行动听从想和父母对着干的冲动的唆使。

布洛斯将"倒退"及其结果视为有助于避免青少年继续依赖的适应性反应，因此它们对于独立来说是必不可少的。

将青少年期视为充斥着争吵与骚乱的一段时期的这种观点可能并没有揭示事实真相的全部。大部分年轻人和他们的父母之间有着积极的关系且能相对顺利地跨越青少年期。

---

① 因其对青少年的研究工作而被称为"青少年期先生"。（作者注）

» 界定青少年期

青少年期在社会心理学中被广泛视为一种主要是由社会文化所形成的现象。受经济必然性的驱使，近现代之前的人们期望绝大多数年轻人会尽可能快地过渡到成人角色，然而在许多传统文化和前工业化文化的生命礼仪[①]中都习惯于为从童年期迈向成年期的过渡留下清晰且突兀的印记，例如割礼[②]和仪式性隐居。

只有到了现代，这一阶段才被延长，在此期间的年轻人表现出对经济和社会层面上的关心超过了对其身体和性的发育的关心。这已被用来解释可能导致角色、需求和欲望之间不可回避的冲突的原因。

[①] 生命礼仪，由根纳普1909年在《生命仪式》一书中首次使用，它是为了庆祝某人已完成生命周期中从某一阶段进入到另一阶段的重要过渡而举行的仪式，因而也被称为"通过礼仪"。

[②] 割礼，此处特指男性割去包皮，这在许多原始社会中常作为男孩进入成年期的仪式之一。

6. 你所需要知道的衰老过程

莎士比亚曾写道："一个男人在他的一生中会扮演许多种角色。"并且他还继续罗列了男性的七个发展阶段。

在前面的章节中我们已经仔细考察了啼哭着、口吐唾沫的婴儿和爱发牢骚的男学童。这位吟游诗人给出了一些有关随后五个发展阶段的心理学上的中肯见解：士兵"唯恐失去荣誉……追寻着泡沫般的名誉，甚至不惜到炮口里寻找"；然而法官却是一位"满腹智慧格言"且陷入"第二次童心却惟余忘却"的非常老的男人。

成年期的后弗洛伊德阶段

发展心理学和老年心理学，通过观察在有生之年内导致压力的起因及压力的影响、认知衰退的影响和社会联系的变化模式，各自提供了他们对男性和女性不同年龄阶段的研究方法。

在心理学中看起来与莎士比亚的描述最相似的是埃里克森

的"人的八个年龄阶段"模型。

艾瑞克·埃里克森是一名德国人，他师从弗洛伊德并逐渐成为一名极具影响力的精神分析学家。在 20 世纪 30 年代和 40 年代，他促进了一种被称为"自我心理学"的后弗洛伊德式的、更符合人本主义的心理动力学的发展，他认为自我具备自律和动态化的能力，并认为人的毕生发展是社会环境与物理环境之间的交互作用结果，而不是被童年期固着的模式和情结所束缚。

埃里克森逐步发展形成他那关于八个年龄阶段的心理社会理论，它叙述了人类所面对的不同挑战以及任务。

在每个发展阶段，个体都要面对特定的冲突，要不成功地解决了这些冲突，从而走向成长并习得"美德"（积极特质），要不没能成功解决这些冲突，在这种情况下可能会导致心理创伤和恶习。

从青少年期到中年，埃里克森认为人们会面临一种有关亲密和孤独间的冲突。个体应该要冒着可能会感到痛苦的风险对他人敞开心扉吗？潜在的奖励是爱的美德，但失败就会导向孤独和抑郁症。

在他们步入中年时（40~65 岁），人们面临着要成功"繁殖"的挑战，即通过创造性活动或教养来回馈世界，例如在工作、组建家庭或者寻找爱好上获得成功，并且避免停滞。

成功完成这一挑战会使人感到与他人有联系、被接纳和有价值，这将导向埃里克森称之为"关怀"的美德，然而停滞则会使个体感到没有成就且被孤立。

埃里克森将最后一个阶段描述为以自我整合和绝望之间的冲突为特征，将前者描述为"把自己绝无仅有的生命周期作为无可替代之物来接纳"以及"一种一致且完整的感受"。而后者则是怀揣着对自己人生的不快感受直面死亡，因为这时要做任何事情来补救都已经太晚了，并且感觉人生没有价值且缺乏意义。

成功地克服绝望感可能会导向"智慧"这一美德。

阶段	心理社会危机	基本美德	存在的问题	年龄
1	信任 PK 不信任	希望	我能信任这个世界吗？	0~1.5 岁
2	自主 PK 害羞	意志	做我自己可以吗？	1.5~3 岁
3	主动 PK 内疚	目标	我可以做些事吗？	3~5 岁
4	勤奋 PK 自卑	能力	我能在这人与物的世界中获得成功吗？	5~12 岁
5	同一性 PK 角色混乱	保真	我是谁？我能成为谁？	12~18 岁
6	亲密 PK 孤独	爱	我能够爱吗？	18~40 岁
7	繁殖 PK 停滞	关怀	我能使我的人生变得重要吗？	40~65 岁
8	自我整合 PK 绝望	智慧	我成了一个不错的我了吗？	65 岁

埃里克森的模型广泛谈及存在挑战的各个方面，但生活还会抛出许多其他问题，从严重的到平凡的。它们会对心理造成什么影响？

我们现已确立了压力和健康之间的联系（包括心理上和身体上的），甚至还有一个心理学分支叫心理神经免疫学，它着眼于神经病学和免疫系统间的联系。其中一个用于研究这一问题的最广为人知且得到最广泛使用的工具是 20 世纪 60 年代的社会再适应评定量表，它也被称为"霍尔姆斯和雷赫压力量表"，因为美国精神科医师托马斯·霍尔姆斯和理查德·雷赫（Richard Rahe）在它创建之后对其进行了修订。

» 欢笑疗法

欢笑疗法是一个关于心理干预影响健康的潜在可能性及其能潜移默化地治疗疾病的引人注目的例证，并因诺曼·卡森斯（Norman Cousins，1915—1990）在 1964 年出版的《笑是治病的良药》（*Anatomy of an Illness*）一书而首次引起医学主流的关注，他在书中详述了自己从一场痛苦且看似无药可救的病痛中自愈的经历。当医生对他的病情表现出无能为力时，卡森斯办理了出院手续并住进了一间宾馆房间，然后看喜剧影片和电视，例如马克思兄弟的作品和《偷拍的相机》①。他发现开怀大笑缓和了他的痛楚并使他能入睡。其他证据暗示了·笑确实能对免疫系统产生直接的积极影响。

平日里的烦心事和振奋人心之事

受到查尔斯·布考斯基（Charles Bukowski，1920—1994）那首指出了"一个男人，一个女人，一个东西，被送进疯人院……死亡潜伏，谋杀，乱伦，抢劫，火灾，洪水……不，是一连串的微小悲剧"的诗歌的启发，美国心理学家艾伦·坎纳（Allen Kanner）及其同事探寻了鸡毛蒜皮的小事对健康的影响。

他们设计了包含117条问题的"烦心事量表"，要求人们评定由日常的令人焦虑之事和困扰所引起的压力值，从钱财方面的困难到交通堵塞，从夫妻间的争吵到工作上的失意以及从身体形象到走霉运。他们将日常烦心事描述成"恼人的、令人沮丧的、使人痛苦的要求，这些要求在某种程度上描绘了每天与外部环境进行交涉的特征"。该量表的题项包括以下几项。

没有足够的时间可用在家庭上

---

① 《偷拍的相机》（*Candid Camera*），是美国一档长寿综艺节目，从开播至今已超过50年，也是最早使用隐藏式摄影机这一概念的电视节目之一；节目内容主要是由隐藏式摄像机抓拍到的人们面对不寻常或具有挑战性的情境时的反应。

没有足够的金钱可用在娱乐或消遣上

流言蜚语

工作不满意度

填表格

为确认积极情绪能促进健康，他们也编制了一份含有135道题的调查工具，这份被他们称为"振奋人心之事"量表的题项如下。

参加志愿者工作

喜欢同事们

找到本以为已经丢失了的物品

表现得高效

外出用餐

为家里购买物品

坎纳和他的团队找出了五件被认为是重要的且最常见的烦心事——某位家庭成员的健康状况、普通货物的物价飞涨、维系家庭以及有太多的事情要做；五件最常见的振奋人心之事，包括与配偶或爱人保持良好关系、与友人保持良好关系、完成一项任务、感到健康以及享有充足睡眠。

当烦心事和振奋人心之事都与心理健康的症状相关时，研究者发现与社会再适应评定量表相比，被试在烦心事量表上的得分是一个对与压力有关的问题（如焦虑和抑郁症）的更为准确的预测因子。烦心事也是一个与振奋人心之事相比能更好地预测幸福感的因子。

研究表明振奋人心之事对女性的压力水平有积极影响，但对男性并无帮助。

坎纳通过两种机制来解释这些效应"积累"，定期出现的小压力源堆砌起来从而导致了更强烈的压力反应，以及"放大"，一个更为严重的压力源放大了较为次要的烦心事的影响。

逐渐衰老的大脑

神经发生（产生新的神经细胞）大部分在青少年期结束时就完成了，并且从这一时期起在逐渐衰老的大脑上会经历神经元的净亏损。

还有到成年晚期之前，你每天会损失超过 10 万个神经细胞。相比于神经细胞的总量（大约有 1000 亿个），这只占了很小的比例，但在 80~90 岁之前可能已经损失了超过 40% 的皮层细胞。并且，大脑皮层变得越来越薄而被称为脑室的充满液体的空间则在一点一点地逐步扩大。然而，这些变化中没有一项能真正对大脑功能造成很大的影响。

更为严重的是输向大脑的血液供给在减少。这会减缓大脑的运行速度并使大脑容易形成血块而受到伤害（引起中风）。

大脑也变得更容易受到像阿尔茨海默病这样的退行性疾病的危害，即斑块状的蛋白质堆积在某些神经元周围从而对它们的功能产生干扰，并减少它们所能形成的联系的密度。

这些公开的生物学事实推动了心理学上有关衰老的衰减模型的发展，它将衰老视作一个衰退的时期。但事实的全貌是否真的如此清晰明确？

智力会随着年龄增长而衰退吗？

对一连串智商测验及其他认知测验所做的研究已表明，在智力能力的维度上不存在与年龄有关的统一变化模式。美国心理学家沃纳·沙伊（K. Warner Schaie，1928—）是该领域的权威专家以及 20 世纪中叶的西雅图纵向研究（Seattle Longitudinal Study，SLS）的创办者，根据他的观点，这意味着智商测验"不足以用来监控年龄的变化……对智力功能的影响"。

智商测试需要一种更能描绘测试期间年龄细微差别的方法，它需要识别出人到晚年期间的认知能力的变化。

没有清晰的迹象表明 60 岁以下的人会出现全面的认知衰退，而且，尽管可观察到 74 岁及以上的人的大多数功能都出现了衰退，但当研究者对某一个体在有生之年内的表现进行跟踪调查后发现，甚至到了 81 岁时，也只有不到一半的个体会在此前的 7 年内表现出显著的衰退。

　　沙伊的西雅图纵向研究工作始于 1956 年，对所有年龄群体约 6000 人的心理发展进行了长达 50 年以上的追踪调查。这使得美国和加拿大政府上调了许多职位的退休年龄以识别出有关认知能力的维持的证据。

　　身体、心理和社会因素也有助于维持认知能力。

　　有氧适能以及没有患上心血管或其他慢性疾病是重要的。根据得克萨斯大学奥斯汀分校的老年学研究所（Institute of Gerontology）所长维涅恩·斯波多索（Waneen Spirduso，1936—）的观点，有两个最佳预测因子能预测一位较年长者在有关心理敏捷的测验上的表现。这个人以前进行过锻炼的年数及其现在的有氧代谢能力。

　　社会因素包括更高的社会经济地位，享受一个复杂且富含刺激的环境及生活方式，以及拥有一位同样保持着良好认知状况的伴侣。

　　人格也被证明与认知功能的维护呈相关关系，那些生活方式更具灵活性的人将能更好地维持他们的认知状态。

　　个体的知觉能力状态也有着重要影响，例如，维持听力和视力与拥有更好的认知状态有关。

» 曼凯托修女

一个著名研究阐明了即便是年纪非常大的老人也能维持神志清楚的状态。在明尼苏达州的曼凯托忠告山上的圣母大学姐妹分校中有一所女修道院，在曼凯托修女研究中，一群来自该修道院的年迈修女接受了各种各样的测验，并且也对照了她们在比现在要年轻得多的时候所留下的材料。其中有许多是高龄修女，有些超过了100岁。

该研究表明，除了其他方面以外，要想在到了并超过100岁之后都维持心理敏捷和神志清楚是有可能的。有许多年迈修女的得分和她们以前做测验时得到的分数一样高，并在日常生活中通过学习和教学、阅读和辩论以及字谜和拼图这种具有心理挑战性的闲暇爱好活动展露了她们的心理敏捷程度。

记忆力会变得越来越差吗？

和智力一样，记忆力如何随着年龄而改变的模式是微妙的。长时记忆的确在晚年表现出衰退，这主要和记忆的提取有关。然而，就算老人年事已高，从像数字广度这样单一的测验中也可看出工作记忆仍在很大程度上不受影响，但在像双耳分听[1]

---

[1] 双耳分听，向每只耳朵播放不同声音的任务。（作者注）

这种需要分配注意的任务中则可看出工作记忆遭受了消极影响，这可能与"可塑性和稳定性困境"有关。

可塑性是大脑重新为自己接线的能力，可以是生成新的神经元或与已存在的神经元建立新的联系。可塑性解释了诸如大脑是如何从损伤中康复的或者被截肢者是如何能够学会控制假肢的。可塑性是所有类型学习的关键所在。

从传统角度来说，人们相信可塑性是专属于年轻大脑的，但事实上情况并非如此。

据教育学教授兼哈佛大学的心智、脑与教育项目（Mind, Brain, and Education Program）负责人柯特·费希尔（Kurt Fischer, 1943—）所说："大脑具有异乎寻常的可塑性。甚至在人到中年或晚年的时候，它仍然能够非常积极主动地适应它所在的环境。"

密歇根大学安娜堡分校的认知神经科学（cognitive neuroscience）家帕特里夏·路透-洛伦茨（Patricia Reuter-Lorenz）指出了大脑"在可塑性、重组以及保留能力上的持久潜力"。这就意味着较年长者能非常高效地学会新的信息和技能。例如，2007 年发表在《神经病学》（Neurology）杂志上的一项研究证明了，在新的飞行模拟器上接受测验的 40~69 岁的飞行员，在回避碰撞上的表现要更优于那些比他们年轻的飞行员，尽管他们需要花费更长的时间来学会使用这些模拟器。

然而，能对较年长者的学习造成危害的是认知科学家所说的"稳定性"。这是一种学习系统在对无关输入信息做出回应时保持稳定的能力。越年长的人有着越不稳定的学习系统，即更容易因为注意分散和干扰而心神不宁。在2014年，一项由布朗大学所做的研究展现了较年长者在视知觉任务上的良好表现是如何因为无法过滤掉无关刺激而被不稳定性所掩盖的。

渡边竹生（Takeo Watanabe）教授是这项研究的第一作者，他指出"可塑性可能保持得还不错……（但）我们已发现在稳定性上是存在问题的。我们的学习和记忆能力是有限的。你不会希望那些已被存储起来的更老旧些的、已存在的重要信息会被琐碎的信息所取代"。像这些研究暗示了通过帮助年长者更为高效地过滤令人混淆的输入信息的训练，或许可以改善他们的学习。

朋友和家人

和埃里克森在其心理社会理论中所概述的那种个人内部的变化一样，人际心理学也并非任凭时间流逝却始终静止的。人们与友人和家人的关联方式随年龄而发生变化并且对心理和身体健康有着重要影响。

从有关衰老的社会心理学调查研究中得到的重要发现是社会性同伴（包括熟人、朋友和家人）会随着年龄增加而减少。特别是，外围的同伴数量在减少，但与此相对应的是对亲密的社会性同伴的关注强度在提升。也就是说，较年长者倾向于拥有更少但却更为深入的友谊和关系，删除更多的泛泛之交。在不同种族和文化之间发现了与此一致的结果。

这种对核心关系的关注增加带来了心理益处。人们报告的对亲密友人和家庭成员的满意度在随年龄增长，特别是在进入晚年时婚姻满意度有所上升，并且良好关系带来了心理健康上的益处。例如，已有研究表明兄弟姐妹间的积极关系与更低的抑郁症患病率有关，并且还发现了在晚年时婚姻状况和幸福感之间存在着很强的相关关系（已婚人士倾向于比单身人士更快乐）。

在进入晚年时维持着有意义的关系也与更好地处理压力，更少生病，康复得更快以及死亡风险的下降有关。

而且，这与更低的抑郁症、焦虑症和睡眠障碍的患病率有关。然而，并非所有亲密关系都是有益的。对于较年长者来说，看护照顾关系一般与幸福感呈负相关关系（尽管并非人人如此），这反映了这类角色所承受的压力和苛责。

7. 你所需要知道的心理疾病

　　有关心理疾病的疗法和研究都被圈限在行话术语中，这些术语常使人混淆不清，因为它们之间存在着微妙差别。例如，有关心理疾病的科学研究被称为异常心理学。这犯了循环论证[①]的逻辑错误，什么才谓之"正常的"？或者也被称为精神病理学，并且必须要和临床心理学区分开来，临床心理学是心理学中治疗心理疾病的专业分支。

　　异常心理学和临床心理学都研究心理障碍及缺陷的本质、起源、诊断、分类、治疗和预防，但前者是用科学／学术的方法来研究，而后者则是用医疗保健／治疗的方法来研究。临床心理学也不能与精神病学混为一谈，这是关注于心理疾病的医学分支，尽管这些差异主要体现在所受的训练和法律赋予的权利上（例如精神科医师是专门研究心理健康的医师）。

―――――――――

① 循环论证（begging the question），这是一条逻辑学术语，指代一种逻辑上的谬误，即在没有充分的证据或正当理由的情况下假设某前提为真，是一种用来证明论点的论据本身的真实性就须依靠论点来证明的逻辑错误。

这些各不相同的术语在某种程度上反映了心理疾病及其研究和疗法的历史。

历史上的心理疾病

最早的证据来自被钻了孔的史前头盖骨，它可能会告诉我们一些关于心理障碍的医学治疗的事情，并由此说明它们真的存在。这就是我们所熟知的颅骨环钻术，并且时至今日仍有些古怪的人还在使用这些技术。

这在史前时期似乎是相对常见的。至少已得到广泛认可，这是结合了对它所出现的地理范围及其所达到的技能水平的考虑。

颅骨环钻术最有可能被用于治疗由于头部受伤而导致的大脑内的肿块，但它也可能指出了史前的人将心理障碍归因于大脑的某些特性或大脑内部的存在，例如相信疯癫是由恶魔引起的信念，以及想要通过在头部上开个洞来将它们释放出去。

关于疯癫的古代解释

《圣经》和神话这类材料记录了心理疾病可能起源于超自然的念头，正如在《圣经》中对扫罗王（King Saul）的疯癫所给出的解释那样，即他"遭受着上帝所派来的恶魔的困扰"，抑或是如女神赫拉让海格立斯承受着疯癫的折磨那样。但与普罗大众的观点相反的是，前科学的文化并非对心理疾病的生物学或心理学起因一无所知，并且从古代起就有清晰的证据表明医生找到了理性、自然的解释，同时也存在着大量的交叉证据。

例如，在有关伊菲克罗斯①（Iphiclus）的古希腊神话中，一位传说中的治疗师墨兰普斯（Melampus）应用了一种最初的弗洛伊德式的精神分析方法。伊菲克罗斯的苦恼至少有一部分可被认为是心因性的（由心理因素导致的），墨兰普斯发现导致他的障碍的缘由是一次发生在童年期的意外事件，伊菲克罗斯因为看到自己的父亲在挥舞着一把血淋淋的匕首而受到了惊吓。然而，在这个故事中加入了巫术的元素，因为治疗要用到取自这把令人反感的匕首刀锋上的血锈制造的药剂。

» 梦之神庙

在梦的疗法实践中混杂着精神医学以及魔法和神秘主义，它在致力于这一实践的公共机构中进行。在供奉着传说中的治疗师，"药神"阿斯克勒庇俄斯（Asclepius）的神庙中，病患在入睡前

---

① 根据资料，他是阿尔戈号上的其中一位英雄，患有不育症（俗称"阳痿"）。（作者注）

将会在圣堂^①里祈祷能做个疗愈性的梦。

特定类别的心理障碍要在不同的神庙中接受治疗。迈加拉神庙治疗情绪障碍、埃皮达鲁斯神庙专门治疗与美杜莎之血有关的心理疾病，而特里卡神庙是治疗癔症发作的。

古代诊断和疗法

希腊医生希波克拉底（Hippocrates，公元前460—前375）明确提出将精神障碍归因于与大脑相关联的自然原因。

他提倡一种整体性的医学取向，即将心理障碍看作是与人格和心境以及体液的扰动相关联的。希波克拉底谈论"体液"，然而一位现代的医生可能会谈及神经递质或神经内分泌。作为希腊人的罗马医生盖仑（Galen，130—210）承认心理疾病有其器质性成因，例如头部受伤或酒精滥用，同时也有其心理成因，例如不幸或压力。

当论及诊断这一部分时，在以下几方面中，古希腊和罗马人所确立的一整套条款与现代诊断标准几近无异。

忧郁症，与抑郁症的现代诊断标准相似；痴呆；躁狂症，包括像暴怒和情绪高涨这样的症状；癔症，与现代的转换性障碍相似，即心理上的苦恼显现为躯体症状（例如癔症性失明）。

① 一个专门为了用于祈祷而配备的地下区。（作者注）

像现代心理学家一样，他们也描述了妄想（错误信念）和幻觉（看到、听到和感觉到不存在于此处的事物）之间的差别。

罗马政治家和哲学家西塞罗（Cicerc，公元前 106—前 43）甚至设计了一份问卷来帮助评定心理疾病。这份问卷包括了关于体型（外表）、演讲（讲话）和事件（重要的生活事件）的问题。

他们用的许多疗法都是人本主义和感受性的。例如，希波克拉底会将安静的生活、健康的饮食和锻炼作为处方，并且随后希腊和罗马的医生还会将音乐、按摩和沐浴作为建议。

中世纪的疯癫

在现代以前，绝大多数罹患心理疾病的病患要待在他们所处的社群中，依靠他们的家人所提供的照顾。但从中世纪时代起，就已经有一些为精神错乱者提供住所的相关公共机构了。这些以声名狼藉的贝德兰姆①（Bedlam）为代表的精神病院最初并没有打算要长期监禁病患。有关贝特莱姆的记载表明其中的大部分人在走进这扇门后将预期会在数周或数个月内回到家中，不过有一张从 1598 年开始记载的病患清单指出至少有一名女性在那里待了 25 年。

中世纪当权者承认精神失常有其自然的、合乎理性的原因，

---

① 事实上就是贝特莱姆医院。（作者注）

即所谓的"白痴"。根据中世纪的历史学家大卫·罗费（David Roffe）的观点，"疯癫不可避免地会被感知为身体和大脑的障碍"。一些针对致命性因素的验尸报告指出，只要有可能的，都是那些自然或身体因素导致的。例如，在 1309 年，一份验尸报告发现巴塞勒缪·德·萨克维尔（Bartholemew de Sakeville）在感染了一场急性发热后成了个"白痴"，而在 1349 年罗伯特·德·伊斯林伯拉（Robert de Irthlingborough）失去了记忆，并且他随后的"白痴"状态与在马上比武时头部受到长矛的那一击有关。

对心理疾病的治疗在最佳情况下也是有限的，范围可扩展至罗费所说的"传统医学所特有的饮食、草药和外科手术的规程"。这种疗法的目标是要重新平衡那些必不可少的特性，例如温暖或干燥，并且他们使用那些被认为有着相关特性的不同食物和草药，特别是香料。因此，饮食疗法包括广泛使用胡椒、欧芹萝、小豆蔻、锡兰肉桂和丁香，而外科手术主要限于通过划破皮肤或水蛭吸血等手段来放血（人们相信这可以排出那些多余的体液并因此重新平衡人的系统）。与此同时，待在像贝德兰姆这种地方的不幸的被收容者只能用铁链铐着囚禁起来。

» 贝德兰姆

贝德兰姆逐渐成为众所皆知的名字，但它实际上是位于伦敦的一间叫"贝特莱姆"的医院。它最初是一所面向骑士的小修道院①，建成于 1247 年并附属于伯利恒的圣玛丽教堂，因此而得名。到了 1329 年，这里被用作医院，为那些无家可归和患病的人提供庇护、食物和最基本的照顾，其中就包括了患有心理疾病的人。到了 1403 年，这里成了那些家人无力提供照料的来自英国各地的精神错乱者的家园。

在 1547 年，国王亨利八世将贝特莱姆医院赠予伦敦市，随后它成了英国境内第一个并且也是唯一一个公立的心理机构，这一特别之处持续至 19 世纪初。

1676 年，它搬到了一座大型新建筑中，自然哲学家罗伯特·胡克为它设计了巴洛克式风格的外观。

在接下来的一个世纪中，它成了混乱以及"疯狂的精神病病患"的同义词，并且人们开始为了找乐子而到那里去参观。一位到处旅行的德国学者，冯·乌芬巴赫（Von Uffenbach），记录了他在 1710 年时到那里去参观是因为想要见一见那位"整天像只公鸡一样啼鸣"的病患，但反而被工作人员带去别的地方参观"在所有病患中最愚蠢且最为滑稽可笑的……'这是一位'想象自己

---

① 一类宗教性的旅舍。（作者注）

是个船长的'被收容者'，他将一把木剑佩戴在身侧，并且他的帽子上还插着几根公鸡羽毛。他想要对其他人发号施令并且做尽愚蠢之事"。

贝特莱姆医院最终在 1770 年禁止公众入内参观。现在这家医院位于伦敦的南部边缘地带，直至今天它依然存在着。

精神病医生和精神科医师

大约在 1800 年，那些专门研究心理疾病的医生通常被称为"精神病医生"，因为他们医治"心理异化"的障碍。用"精神科医师"这个术语来接替"精神病医生"这个词还不足一个世纪左右，在此期间，作为该领域的研究和实践中心地的巴黎的发展将急剧改变精神病学的理论和实践。

拉萨勒佩提亚医院（La Salpêtrière）是集中体现了这些发展的地方，让 - 马丁·沙可（Jean-Martin Charcot，1825—1893）曾在这间医院担任过病理解剖学教授。此时的精神病医生／精神科医师坚定不移地将心理疾病的成因定位于大脑的问题部位，他们相信像精神分裂症和精神病性抑郁症这类障碍有着与像帕金森病这样的疾病相似的病根，即都是由大脑病变造成的。

沙可最初坚持声称他对心理医学不感兴趣，但他在癔症发作上的研究工作（研究那些表现出神经过敏症状并伴有显而易见的身体和神经上的症状的女性），实际上创造了全新的神经病学领域，即关于神经系统障碍的研究。因为他并不是一位精神病医生，他对理解癔症和其他心理疾病的新取向持开放的态度，并且他启发了新一代的医生来发展心理学角度的解释，包括弗洛伊德和法国哲学家兼心理学先驱皮埃尔·让内。

荣格随后写下了他对精神病医生间盛行的生物学模型的不满。"'心理疾病是关乎大脑的疾病'已成公理，但这并未告知其他人任何有用的信息。"

通过沙可及其团队的研究工作，弗洛伊德和让内转而开始聚焦于心理疾病的心理学而不是其停留在生理学或神经病学层面。而颇具讽刺意味的一点是，神经病学曾有助于精神分析学派和深蕴心理学的创建。精神科医师从此以后将越来越关注心理学成因和对心理疾病的治疗。

化学疗法

精神分析学派和与此类似的心理治疗技术成了在精神病学中占据着主导地位的范式，但谈话疗法被证明在治疗那些最严重的心理疾病、精神病以及妄想、幻觉和抑郁症的典型症状时大多是无效的。罹患有像精神分裂症、双相型疾病和有精神病性抑郁症这类病症的病患会被宣告锁在收容所中，这里是管理并防止这些病患伤害自己和他人的最理想之地。

这一切将在 20 世纪 40 年代随着治疗精神病的药物的发展

而彻底改变，以神经松弛药为开端，这是首次提供的可一定程度上控制像幻觉和妄想这样的严重症状的一类抗精神病药物。紧跟其后又出现了其他的治疗药物，包括了治疗焦虑的抗抑郁药物和抗焦虑药物。

药物疗法彻底改变了精神病治疗医学，这使得许多此前被认为是棘手的病患出院成为可能，并且那些病情较轻的病患能够过上接近正常人的生活。它们也通过预防自杀而拯救了成千上万条生命。

然而，治疗精神病的药物可能会有严重的副作用，并且这一点在它们的发展早期是尤为明显的。开药过量以及糟糕的治疗实践，特别是在那些大型且繁忙高压的治疗精神病的医院中十分常见，这也导致反精神病学运动的声音变得越来越响亮。

被揭露的误诊真相以及公众对电休克疗法（electroconvulsive therapy，ECT）这类治疗实践的反感，皆因 1975 年的一部名为《飞越疯人院》的电影的流行而进一步加剧。

百忧解

早期的抗抑郁药物属于被称为单胺氧化酶抑制剂和三环抗抑郁剂这几种类别。它们有助于提高大脑中的去甲肾上腺素和 5-羟色胺这两种神经递质的水平。它们的功效是引人注目的，这些药物挽救了生命并为病患争取到时间来实施适宜的治疗。它们能有助于改善睡眠模式、食欲和精力，并且它们能让病患更容易聚焦于自身的问题并避免被收容入院。但它们给心理和身体所带来的副作用可能会很严重，包括口干舌燥、头痛、便秘、恶心、视力模糊、混乱、体重增加以及射精／性高潮迟滞。

在 1987 年，一种名为氟西汀 [①]（fluoxetine）的新型抗抑郁药物进入市场。百忧解是一种 5- 羟色胺再摄取抑制剂，即只专门将一种神经递质作为靶子。它的副作用要少于其他抗抑郁药物并且非常有效。它很快就成了有史以来最畅销的抗抑郁药物。

百忧解在进入市场后的最初几年里被誉为特效药，获得了大量的宣传和支持。很快那些梦想能通过服药来治愈心境障碍的病患凭着百忧解这个名字四处求药。但其中到底发生了什么以及为什么会这样？

这里无疑是存在着偏差的。实际上百忧解并不是治疗抑郁症的特效药，它只能有效缓解 60%~80% 的服药者的抑郁症症状，这一成功率与其他抗抑郁药物大致相当。

它像其他的抗抑郁药物一样也有副作用，尤其是在性功能上，并且许多服药者抱怨道即使百忧解能将人带离心境的低谷期，但它也会妨碍高潮体验。

对开药过量（以及对抑郁症的过度诊断）的恐惧正日益增长，连带那些把抑郁症与暴力的情绪爆发和自杀相关联的危言

[①] 商品名称为"百忧解（Prozac）"。（作者注）

耸听的故事，一并激起了人们关于最初的检验程序及药物安全性的忧虑，尽管在给儿童开具治疗贪食症、焦虑性障碍和某些形式的行为障碍的处方时仍然常常会用它。

并且你知道吗？

10 个 12 岁以上的美国人里至少有 1 人服用过抗抑郁药物，并且美国在 2010 年时开具了超过 2.54 亿份处方。

它们在处方类常用药中排名第 2。

并且尽管上述内容都属实，但我们仍未真的弄清楚它们是如何以及为何起作用的，并且没有证据表明像抑郁症这样的问题真的是由大脑中的化学物质失衡所引起的。

许多心理健康教授指出他们所处的领域已变得"太生物学化"了，表现为教条化地聚焦于甚至可能是不存在的心理疾病的生理方面，但却没有对心理健康的心理、社会和精神方面付诸足够多的注意力。

反精神病学运动认为有许多精神病治疗方面的定义是任意武断且无效的，贴上缓解症状的标签是为了将落在狭隘定义的"常态"范围外的行为病态化。事实上"异常心理学"这一术语本身犯了循环论证"是什么构成了常态"这一问题的逻辑错误。这个问题对心理保健的理论和实践来说很重要，并且对个体和社会都有广泛影响。

4D

常态（或者说"神经典型性"）不存在单一的判断标准，但普遍认同的标准是4D，即异常、苦恼、功能障碍和危险。这4条标准可能都是具有争议性的、以解释为准的并且是取决于情境的。

"异常"指的是思维和行为被认为是偏离社会规范的。并且这可能必不可少地成为最令人担忧的一条标准。社会规范会改变并且不一定与道德相一致，更不用提历史的视角。在异常心理学的背景下，同性恋是其中一个典型例子。直至近现代，同性恋在欧洲和美国一直被划为异常一类，并且在世界上许多地方都仍是如此。

在20世纪50年代至60年代，同性恋者要接受富有争议性的"厌恶疗法"的治疗，并且时至今日仍有一些群体提倡使用这种方法。

"苦恼"指的是由思维和行为所导致的主观伤害。这种伤害具有高度的情境决定性。例如，自残是许多宗教仪式的特征，而那些参加极高危运动的人可能只是想能够不计后果地寻欢作乐。相反，像躁狂症这样的心理障碍甚至在客观上受到伤害的时候都能引起愉快感受。

"功能障碍"指的是个人维系"正常"生活的能力，以及他们的症状是否会影响到其认知和行为并对如职场或家庭生活等造成干扰。

"危险"，意指某人是否会置自己或他人于危险之中。这是判断变态的终极标准，但事实上心理疾病很少会达到这条标准，这限制了该标准的效用。

个体决定站的立场也许会招致那些可能极端且具有侵入性的干预。批评家指出这一系统，或至少是解读它的方式，会错误地将那些可能不会构成任何威胁并且并非真的需要治疗的非墨守成规者归为病态。

精神障碍诊断与统计手册

由美国精神病学协会（American Psychiatric Association）出版的手册《精神障碍诊断与统计手册》于 2013 年面世，并且现在已更新至第 5 版。

它对于美国及世界上其他将其作为工作指南的地方的日常实践工作，以及将心理学作为整体来看待而言，都是至关重要的。用《精神障碍诊断与统计手册》自己的原话来说就是"临床实践的关键资源"，用于"诊断和给心理障碍分门别类"并且它"旨在促进在各式各样的临床情境中对症状描述的客观评定……"以及简洁的检查清单，它旨在帮助心理学家、精神科医师、社会工作者以及其他人提供始终如一的诊断和治疗。

《精神障碍诊断与统计手册》的根源可回溯至 19 世纪的美

国人口普查，最初收集的是"白痴 / 精神失常"这一项上的数据，到了 1880 年时，已经收集了 7 类心理健康的数据，即躁狂症、忧郁症、偏执狂、麻痹性痴呆、痴呆、嗜酒狂和癫痫。

在 20 世纪 20 年代重新命名的美国精神病学协会采纳了世界卫生组织（World Health Organization，WHO）的分类方案，并于 1945 年后对其做了修订形成了第 1 版的《精神障碍诊断与统计手册》，于 1952 年出版。当时的障碍被称为"反应"。

» 厌恶疗法

基于行为主义学派有关简单条件反射的逻辑，厌恶疗法力求用"多次同时呈现"的方式建立条件反射，让被试将认知、态度或行为与消极刺激联系起来。这正是安塔布司（Antabuse）（戒酒硫）这一药物背后的基本原理，当服药者喝酒的时候，这一药物会产生恶心和其他令人不快的反应，这是为了用条件反射让某人讨厌酒精。

直至 20 世纪 60 年代才不再用厌恶疗法来"医治"同性恋。在一则来自 1935 年的例子中，当一名男性产生同性性幻想时会对其施行电击。在 1963 年的一次试验中，一名男性赤脚站在导电的金属地板上，而且每当向他们展示男性的裸体照片时就会伴随着电击，该试验报告称被试在经受了 4000 次电击后转变成了双性恋者。

在 1964 年，一名英国男性被化学性的厌恶疗法所杀害，其中可能涉及负强化（将有关同性恋的讨论与使人产生恶心反应的药物连同呈现），并且恐怕还用了正强化 [将麦角酰二乙胺（LSD）与异性性幻想连同呈现]。

确诊率激增与极端表现

《精神障碍诊断与统计手册》已成为许多争论的焦点，尤其是公认的障碍数量在激增，并且由于自第二次世界大战后西方世界的精神障碍发病率（或至少是确诊率）大量攀升而使其统计数据受到指责。例如，在英国，自 1945 年后的 50 年内，精神科转诊率增长了 6 倍；然而在美国，年轻人群中的双相型障碍确诊率在 1994~2003 年期间增长了 4000%。

《精神障碍诊断与统计手册》还因将正常的情绪和行为归为病态的而受到指责，这意味着《精神障碍诊断与统计手册》给它们（甚至是悲痛）贴上了障碍的标签，并且要为那不可靠激增的确诊率以及由此产生的无谓药物治疗负责。罗伯特·斯彼得（Robert Spitzer，1932—2015）主导了修订工作并形成第 3 版的《精神障碍诊断与统计手册》，估计有 20%~30% 因为精神障碍诊断与统计手册而收到医疗确诊结果的个案可能会被判为"正常反应，而不是真的障碍"。

艾伦·法兰西斯（Allen Frances，1942—）医生担任第4版《精神障碍诊断与统计手册》修订工作小组的组长，他提醒道，乱发脾气可能会被贴上"破坏性心境极端情感失调障碍"的标签并且晚年正常的健忘表现也会被贴上"轻度的神经认知障碍"的标签，而无法集中注意力会被误贴上"成人注意缺陷多动障碍"的标签。

» 怪癖还是疯癫？

想象一下你是一位精神科医师，正在决定是否准许一位有着下列特征的病患入院，不墨守成规的、有创造力的、好奇心极强的、理想主义、对某一爱好有着强迫式的兴趣、自童年期就意识到自己和别人是不一样的、聪慧的、直言不讳的、缺乏竞争力的、有独特饮食习惯的、有反社会行为的、顽皮的、缺少依恋的、没有兄弟姐妹并且拼读能力差的。

这样一群特质一般会使某人被贴上离经叛道且有功能失调的潜在可能性的标记，虽然他不具危险性或未感到苦恼。是否应该为这样的个体提供药物或谈话治疗？所有这些特征都来自大卫·威克斯（David Weeks）所草拟的一份怪癖检查清单，他是1995年一项针对古怪的人所进行的里程碑式研究者。他估计在5000个人中就有1个人是"典型的怪人"。

主要的心理疾病

正如我们所看到的，西方的主流精神病学承认存在至少 300 种障碍。这些障碍大致有三种主要类别，分为神经疾病、精神病以及伴有焦虑和神经症的人格障碍。

神经疾病

这些疾病会影响到神经系统。美国国家神经疾病和中风研究所罗列了 445 种包括发展缺陷（如脊柱裂）、感染（如脑炎）、癌症（如神经胶质瘤）、中风、遗传疾病（小脑性共济失调）、退行性疾病（如阿尔茨海默病）和神经元功能障碍（癫痫）在内的神经疾病。还有那些含有心理成分的神经疾病（如注意缺陷多动障碍）以及有其生理成因但属于更高阶认知缺陷的神经疾病（如失语症和遗忘症）。

特别有趣的是那些将大脑损伤与特定认知功能联系起来的神经疾病。典型例子包括失语症、失认症和遗忘症。

失语症是由脑区受损（如维尔尼克区）所引发的特有症状（如"词语大杂烩"[①]）。

[①] 指一堆听起来很像真正语言的词汇，但实际上没有任何意义可言。（作者注）

» 顺行性遗忘

顺行性遗忘是一种以丧失形成新记忆的能力为特征的罕见障碍形式。即短时记忆（STM）能正常运作，但在存储或提取方面的困难妨碍了病患对新信息形成永久的记录。一位顺行性遗忘患者可能在早上见过某些人并与他们共度了数小时，但在下午前就会把他们忘得一干二净。

顺行性遗忘是由巴比土酸盐过量所引起的缺氧以及由穿孔所引发的不连续大脑损伤而导致的。这是诱发科尔萨科夫综合征[①]的最常见病因之一，是一种影响着酗酒者的病症，指由膳食模式和饮酒行为所引起的维生素 B_1 缺乏症，反过来导致名为乳头体的边缘系统部分受损。稳定型科尔萨科夫综合征以伴有虚构症的顺行性遗忘为特征——即病患会虚构一些解释来填补记忆的间隙。

有趣的是，顺行性遗忘通常只会影响到陈述性记忆（关于事实、事件等的记忆，有时也被表述成"知道的内容"），而保留程序性记忆（关于技能和程序的记忆，有时也被表述成"知道怎么做"）。例如，顺行性遗忘患者能学会一项新技能，但却无法说出他们是如何学会这项技能的。

失认症是指知觉和再认／理解之间的联系遭到破坏，就像

---

① 科尔萨科夫综合征，也被称为"遗忘-虚构综合征"。

美国神经学家奥利弗·萨克斯（Oliver Sacks，1933—2015）为他那本于 1985 年出版且最畅销的《错把妻子当帽子》（*The Man Who Mistook His Wife for a Hat*）一书所起的书名那样的个案，抑或是那些罹患有面孔失认症的个案，这些病患无法再认出爱人的面孔，并且必须等他们出声说话才能弄清楚这些人是谁。

遗忘症是指形成或提取记忆的过程受到干扰。在电影中常常描绘的那种彻底的突发性遗忘症（被称为"全面性遗忘症"），是极为罕见的。一次大脑受伤或受损（如脑震荡）常常会致使病患失去对不久前发生之事的记忆。像科尔萨科夫综合征这样的病症会导致奇异形态的遗忘症。

精神病

对精神病的最严格定义是，一种病患对自己的处境缺乏理解力（即无法从现实中区分幻想）的障碍。更为普遍的定义是，一种妄想障碍。在精神病学中精神病常常被理解为不是"器质性的①"就是"功能性的②"。

精神分裂症具有下列特征：

阴性症状，例如情感淡漠（面无表情）、思想和言语贫乏且

---

① 由诸如饮酒或衰老造成的大脑损伤所引起的典型退行性疾病。（作者注）
② 这类疾病包括精神分裂症、双相型障碍以及重度抑郁障碍。（作者注）

缺少目的性。

阳性症状，例如妄想、幻觉、听到声音、语无伦次、思维混乱和紧张症（在木僵状态下保持静止）。

双相型障碍[①]具有下列特征：

大幅度的心境变化，伴随着分别以愉快、失眠、判断力差和妄想为标志的躁狂期，以及抑郁发作阶段。

重度抑郁障碍涉及如下症状：

抑郁心境、睡眠障碍、食欲不振、疲劳和侵入性（并且有时是关于自杀的）思维。

精神病性障碍有着特定生理成因的不同病症是富有争议性的。即便这种病因确实存在，却不知道它们是什么，并且批评家认为这些病症只是简单地被贴上了一堆症状的标签，而这种综合治疗可能会或者可能不会使病患从中受益。

---

① 原名为"躁郁症"。（作者注）

» 妄想

这些固有信念并不符合现实，偏离文化规范并抗拒理性。他们可能丧失了能力且感到极为苦恼，并且可引发有害且危险的行为。妄想是精神分裂症的典型症状之一，它通常具备以下的某些或全部特征，被害妄想（有人在故意整你）、关系妄想（你是接收信号的主体，尽管这一信号不可能真的与你有关，例如无线电广播或偷听到陌生人之间的对话）和被控制妄想（某些外部势力正控制着你的思维和行动）。

妄想也会出现在其他的一些疾病中，例如痴呆和抑郁症，其中虚无妄想是很常见的，如无价值感。卡普格雷斯综合征[①]是一种相信你身边的人被替换成了长得很相似的冒充者的妄想，而弗雷戈利综合征[②]以著名的快速换装节目演员的名字来命名，是一种相信多名不同人物实际上是同一个人在不断地变换自己的装扮或外观的妄想。

解离性障碍

这是一系列复杂、知之甚少且富有争议性的涉及解离症状

[①] 卡普格雷斯综合征，也被称为"替身综合征"。

[②] 弗雷戈利综合征，也被称为"替身错觉症"。

的精神障碍，是一种思维与行为间，意图与行动间，以及即将瓦解的身份认同、记忆乃至意识间联系中断的感觉。病患可能会描述其不适宜的或者缺失的情绪性反应，并且感到他们好像是在远处注视着自己的生活。尤为极端的类型包括解离性遗忘症和解离性神游症，还有解离性认同障碍（过去常被叫作多重人格障碍）。

解离性遗忘症[①]是由心理原因而导致的记忆丧失。其中一种最为严重的形态是解离性神游症，这是一种病患会漫游到一个新地方并开始一段新生活，表面上失去或封锁了包括家庭关系在内的有关过往生活的一切记忆的病症。解离性认同障碍则是患者好像有着两种或更多种不同的身份认同并在这些身份间来回切换着，特别是处于压力状态下时。

伴有焦虑和神经症的人格障碍

属于这一类的几种障碍显现在青少年晚期或成年早期，特征是顽固且具有渗透性的思维方式、行为方式以及与他人维系关系的方式偏离社会规范且会导致苦恼或功能障碍。

这些障碍很大程度上取决于其社会定义，怀疑论者会反驳道它们仅仅只是医学化了那些贴在其他人所反感的人格和行为

---

① 典型的解离性遗忘是由压力或创伤所导致的。（作者注）

上的标签。这些障碍包括以下几种类型。

边缘型人格障碍，以极端的情绪不稳定性为特征。

分裂样人格障碍，以冷漠和独处习惯为特征。

反社会型人格障碍，以自私的鲁莽轻率和冲动为特征。

精神病态与反社会型人格障碍有着紧密联系，以巧舌如簧的魅力、说谎和没有良心或共情为特征。

焦虑

伴有分裂、侵入性思维，生动的记忆、闪回乃至幻觉的重度焦虑或抑郁症，如果出现在创伤性事件发生后的 4 周内被称为急性应激障碍，或者称为创伤后应激障碍。常见于参加过战斗的退伍军人身上。

在美国内战期间，急性应激障碍被称为"思乡病"，因为它的病因被假定为乡愁。在第一次世界大战中，它被称为"弹震神经症"，而在第二次世界大战中被称为"战斗疲劳症"。直至越南战争后人们才认可这种应激反应在触发它们的应激事件发生后仍能持续很久，可能会无限期持续。

一项针对 157 名曾在第二次世界大战期间做过战俘的退伍军人的研究发现，他们在战争结束的 65 年后仍患有临床上显性的创伤后应激障碍。

病患改变自己的行为以回避那些会触发反应的应激事件，

但即便是像天气这样的简单线索也能够引起闪回。

» 恐怖症

恐怖症是一种对某一刺激的非理性焦虑反应，有时可能只是对某一真实事物的表征。例如，那些害怕猫的厌猫者可能仅仅只是看到一张印有猫的照片就体验到了焦虑反应。常见的恐怖症包括有以下几种类型。

社交恐惧症，害怕见人或参加社交活动。

恐旷症，害怕人群、公共场所和离开安全之地。

蜘蛛恐惧症，害怕蜘蛛。这是英国最常见的一种恐怖症。在这个国家里并没有有毒的蜘蛛，奇怪的是在那些有有毒蜘蛛的地区，蜘蛛恐惧症通常是没那么常见的。

恐高症，害怕高处，常常与头晕（眩晕）相混淆，尽管这可能是恐高症的症状之一。有证据表明这一要素是自出生之日起就被固定在大脑中的。那些才刚学会爬行的婴儿和那些接受"视崖"（营造出一种看起来就像是婴儿站在悬崖边缘一样的错觉）测验的婴儿本能地拒绝爬越"悬崖边缘"。

恐癌症，害怕癌症，是恐怖症的最常见例子之一，它可能会造成伤害，因为它会阻碍人们去咨询医生，然而这只会贻误病情。

注射恐惧症，害怕注射会引起突发性的血压下降，从而导致昏厥甚至可能会有生命危险。

神经症类障碍

神经症[①]相对于焦虑症而言病情要更轻，病患并没有失去理解力（即能意识到他们是有问题的），且这一病症并不一定要有任何的生物学／生理学病因。

神经症与人格障碍和分裂性障碍之间存在着重叠之处，且包括与焦虑有关的病症，如强迫障碍、进食障碍、焦虑发作和恐怖症。

---

① 神经症，这是一个过时的术语，在1952年出版的第1版DSM中曾有收录，用于指焦虑障碍、躯体形式障碍、解离性障碍和某些抑郁症状等一组心理问题，但之后的DSM版本已不再使用这一术语，而是将神经症的症状划分到各个相关的障碍类别中。

8.你所需要知道的快乐

　　如果你告诉朋友说自己正要去见一位心理学家，他们将会说些什么？他们最有可能会感到担心，并且他们大概会认为你肯定遇到了什么困难或担心你的心理健康。

　　传统的心理学以疾病模型为导向，并且尽管这使得像抑郁症和精神分裂症这些重大疾病的治疗取得了长足进步，同时也使得人们用消极的眼光看待心理学。但在心理学领域逐渐开始掀起的一场为人所熟知的"积极"或"理想状态心理学"运动对此做出了反驳，心理学并不一定要是这样子的。其目的在于使得见心理学家就像拜访一位私人教练一样。

　　当哈佛大学的精神病学家乔治·范伦特（George E. Vaillant，1934—）分析他所说的《精神病学标准教材》（*Standard Psychiatric Textbook*）时，他发现在这大约有100万字的著作中只有5行文字讨论了希望和欢乐，并且只字未提爱或同情心。这掩盖了积极心理学的产生的根源和发展的历史。

　　如何变得快乐是古希腊哲学的一个主导问题，并且亚里士多德（Aristotle，公元前384—前322）对什么是"幸福"的观点后来被证明对现代的积极心理学有重大影响。快速回顾如下。

当心理学在19世纪诞生时，它试图从哲学中脱离出来而转向科学，但即便是一些最早期的支持者就已拥护积极心理学的原则。

美国心理学先驱威廉·詹姆斯（William James，1842—1910）在1906年发表的美国心理学会（APA）主席演讲中提出了理想状态心理学的研究主题，为心理学赋予了探索"人类能量"的范围极限和学习如何能激发及充分利用这种能量的研究任务。尽管他所追寻的目标是让心理学变得科学化，他也提倡要关注个体的主观体验以帮助实现积极的目标。

由詹姆斯提出的人本主义取向几乎在接下来的几十年里销声匿迹，伴随着弗洛伊德式深入心理学（有时也被称为第一波心理学）以及随后占据统治地位的行为主义学派（第二波心理学）。

在第二次世界大战后，以提出了名为"需要层次"的人类动机模型的美国心理学家亚伯拉罕·马斯洛（Abraham Maslow，1908—1970）的研究工作作为第三波心理学（或称"第三势力"）到来的标志。

位于这一层次结构底层的是基本生物需要，中间的层次是人类基本的驱动力，例如寻求自尊以及被爱的需要，但趋近顶层的是像自主性、整体性和美这样的"元"目标，导向了自我实现的目标（成为一个发挥自身潜能的彻底完整的人）。在此之上还有一层被马斯洛称为"Z境界"的抱负需要，包括了探索发现和高峰体验以及卓越。马斯洛最先创造了"积极心理学"这一术语。

心理学的第三势力在心理治疗上有着深远影响，这有助于促进更为积极、人本主义的治疗模型的发展，即拒绝决定论并强调个体的自主性以及在追求美好生活的同时获得成长的潜在可能性。人本主义心理学中最为人所知的代表人物是治疗师卡尔·罗杰斯（Carl Rogers，1902—1987），他的以人为本的取向（也被称为"罗氏疗法"）是另一个对积极心理学有着重要影响的理论。

作为一门全新的研究学派，积极心理学据说是由美国心理学家马丁·塞利格曼（Martin Seligman，1942—）建立的。当他成为美国心理学会的主席时，用1998年的演讲开创了积极心理学这门独立学科，将其定义为"有关人类机能理想状态的科学研究，它旨在找出并助长可使个体及社群茁壮成长的因素"。

》亚里士多德与有关快乐的哲学

亚里士多德相信主导宇宙的法则是"目的"，就这一意义而言，一切都被导向一个终结或目标。他说，人类的一切努力所为的终极目标（即"人的至善"）是快乐，或者说得更具体些，是过上由快乐所带来的那种美好生活。因此与其说快乐是一个结果倒不如说这是一个过程，一种活动而不是一种状态。

亚里士多德说，这种活动是指合乎理性地活着（人类的理性是他们独一无二且必不可少的美德）。他的实现论原则是遵照人类美德地生活，追求那些可充分利用并探索我们的理性的活动。这种"美好生活"必然会带领人们走向快乐，无论命运如何变幻，它都会与人类的固有本质协调一致。

理想状态心理学

积极心理学并不只是简单关于快乐，并且塞利格曼的确尝试避免使用"快乐"这个词，因为对于不同的人来说它可以意味着不同的事物。

他更喜欢用"兴盛"和"幸福"这两个术语。在一定程度上，按计划发起这场运动的目的就在于反对心理学中传统的疾病模型，所以它意识到了人们是想要"实现繁荣兴盛而不只是幸存于世"且移除"失能状态"并不等同于"构建让人生变成最值得活下去的赋能状态"，而是用寻求"构建起强大之处"来取代试着去"修正那些出错之处"。

幸福感的类型

积极心理学在三种不同的水平层面上发挥着作用，包括主观水平层面、个体水平层面以及群体水平层面。主观水平层面涉及对积极情绪及活动的主观体验的研究，包括欢乐、快乐、乐观主义和福流。个体水平层面与构成"美好生活"的要素以及"好人"的特性（着眼于其长处和美德）有关。群体或社群水平层面则与社会和公民的美德有关，这增强了社群及其所有公民的幸福感。

这三个水平层面与不同的幸福感概念有关，包括享乐论式、实现论式和公民式。

享乐论式幸福感最接近于平日里所理解的"快乐"。它包含了愉悦和欲望的满足，因而可能是肤浅的、转瞬即逝的且不一定是健康的。这一概念源于古希腊哲学家伊壁鸠鲁（Epicurus，公元前341—前270）的著作，他在其中推论出通往美好生活和幸福的路径是使愉悦最大化并使痛苦最小化，这就是为人所熟知的"幸福量的计算"方法。但他不只是简单地提倡要放纵自己去满足欲望，正如针对他的批评家们所争论的那样，伊壁鸠鲁指出满足欲望可能会导致痛苦和愉悦，而最佳的选择是平复并中和抵消掉所有的欲望，这一观点明显与佛教类似。

实现论式幸福感与亚里士多德有关快乐、美好生活和美德的概念有关。它强调了关于快乐更为深入和宽广的愿景，尤其是要为了其自身而去追求能力、杰出、慷慨、同情心这些美德，而不是为了某些关于奖赏或个人所得的狭隘概念。

公民式幸福感来源于"回馈"社会，以及来源于高效且增强了其市民及成员的幸福感的社群和公共机构。

» 具有文化特异性的快乐类型

积极心理学的专用术语和那些不同的快乐类型可能看起来显得混淆不清。世界上的各个有着不同文化和语言的地方为不同的快乐类型创造了令人眼花缭乱的术语词典，其中有许多实际上是没法翻译的。有一些例子如下。

知世故的，日语中形容享受着无与伦比美好事物的那转瞬即逝的一刻时所体验到的悲喜交加的感受，例如当他们看着樱花的时候。

否定词，在印尼语中是"还没有"的意思，但也包括了一件事可能还没发生的乐观主义含义。

感叹词，意大利语，可粗略等同于"可能"的意思，也暗含了"在我的梦想中"或"只要"的意思——掺杂着满怀希望的愿望以及新愁旧憾。

令人怀念的，日语中形容那种令人怀念的愉悦体验及憧憬之情，掺杂着珍贵回忆所带来的快乐以及对时光一去不复返的伤感。

塞利格曼的 PERMA 模型

与这三种幸福感相类似的概念被并入了马丁·塞利格曼关于积极心理学和人类繁荣兴盛的 PERMA 模型中，五个字母分别代表着不同的含义。

"P" 是指积极的情绪，并且它与享乐论式幸福感和主观体验有关，包括对过去（感激和释怀）、现在（正念和愉悦）以及将来（希望和乐观主义）所持有的日益增长的积极情绪。

"E" 是指参与，并且它与福流的概念有关。

"R" 是指关系，并且它与和他人间的联系有关，这可能会产生欢乐感、归属感、安全感、自豪感、趣味感以及意义感，还有像同情心、善良、爱、利他等这些美德的发展。

"M" 是指意义，并且它与获得一种意义感和超越个体及个人的目的有关，与附属于和服务于社会及公民的公共机构和事业有关。

"A" 是指成就，并且它与为了其自身而去追求美德有关，而且可以包括从沉浸于一项业余爱好到在体育运动上表现杰出再到事业成功在内的任何事。

快乐等同于健康吗？

积极心理学可以产生切实的、可量化的好处。它能帮助人们在工作上表现得更好，享有更令人满意的关系，变得更具合作性，睡得更好，自我控制能力更强，更具有弹性并且成为更好的公民。它也为更强壮的免疫系统和更好的身体健康提供了支持燃料，伴随着心血管疾病死亡率的下降和预期寿命的增长。例如，根据 2012 年的一项研究，在生活中享受更多乐趣与 28% 的较低的死亡风险有关，该纵向研究从 2002 年起收集了 1.1 万名 50 岁以上的男性和女性在健康和幸福感上的数据。

高峰体验和"福流"

"福流"是积极心理学领域的一个关键概念，是一种改变了的意识状态，即注意力完全被一个任务或消遣事物所占据，并且表现正处于最高点，就像运动员谈到他们"进入状态"的时候。就像积极心理学的许多方面那样，福流与那些更久以前的概念有关，例如弗洛伊德的"海洋感觉"（暗示没有可被知觉到的界限，像一汪海洋）以及马斯洛的"高峰体验"（暗示积极感受的最高点）。

海洋感觉

弗洛伊德的术语描述了一种卓越体验，即自我和宇宙的其他部分之间的边界消解并感到自己融入这剩下的存在之中。在他 1930 年出版的著作《文明及其缺陷》(*Civilization and its Discontents*) 中，弗洛伊德主张这种感觉正是宗教体验背后的机制，因此它也是整个宗教现象背后的机制。

弗洛伊德识别出一种"将自己与外部世界合为一个整体"的感觉，暗示了一种从自我意识中短暂抽离并完全沉浸在环境中的感觉，这随后将被划分为"福流意识"的主要特征。但他坦承对海洋感觉的概念定义在个人无法通达这种感觉和可作为研究对象这两者间摇摆不定。

"因突如其来的欢乐而感到惊奇"

美国心理学家亚伯拉罕·马斯洛是一位积极心理学演变史上的关键人物，他认同存在一种非常相似的体验或感觉。马斯洛是首位将快乐作为其心理学研究方法中的核心关注要素的人之一。在他的研究中，他碰到一种他所称之为"高峰体验"的现象，可能因为它描绘了一种站在山顶上的感觉。马斯洛解释道："高峰体验是种突如其来的强烈的愉悦感和幸福感。"它们可能包含了对"终极真相"的意识以及所有事物都融为一体。正如海洋感觉那样，被试会"感到与世界融为一体"以及体验到一种"失去在时空中的位置"的感觉。

马斯洛主张这些体验会使生活质量在积极心理学所大力支持的各方面都得到长期提升。"有过高峰体验的人会变得更富含爱意并且更具有包容力，因此他变得越来越直率、诚实以及天真无邪。"他在自己1964年出版的《宗教、价值观与高峰体验》一书中这样写道。但是，他强调高峰体验是不可能被制造出或人为诱发的。他说："通常，我们'因突如其来的欢乐而感到惊奇'。"高峰体验是无法被直接找到的，它"以副产品的形式到来，例如，在一次有价值的任务中表现得不错时，你可能会察觉到这一附带现象"。

竭尽全力

作为积极心理学创建者之一的美籍匈牙利裔心理学家米哈里·契克森米哈赖（Mihaly Csikszentmihalyi，1934—）发现了一种非常相似的现象。

他通过对艺术家、音乐家和运动员进行访谈以找到快乐的驱动力，他发现了一种改变的意识状态，即他所说的"福流"，并且这能有助于导向像弗洛伊德的海洋感觉和马斯洛的高峰体验这样的感觉。和这些状态一样，福流涉及沉浸环境、心理屏障的瓦解以及时空的界限。福流的关键方面是这并非一种被动的或沉思的状态，而是一种活跃的、参与式的状态。

"我们生命中那些最美好的时刻并不是被动的、接受性的、放松的时刻，"契克森米哈赖说道，"最美好的时刻往往出现在当一个人的身体或心智竭尽全力地凭着自主努力来完成某些困难且有价值的事情的时候。"处于这种状态的人描述了工作或生产力将如何像是从他们的身体中向外"流"出的，或者他们是如何被这不可抗拒的福流所缠住的。他将福流解释为："一种人们被卷入一场活动中以至于似乎再没有其他事是重要的，这种体验是如此让人乐在其中，以至于人们将会纯粹为了做这件事……而继续做下去。"

》第一个四分钟

有关"福流"的一个典型例子源于《第一个四分钟》（*The First Four Minutes*）——英国跑步运动员罗杰·班尼斯特（Roger Bannister，1929—2018）在 1955 年时对自己成为首个只用了不到 4 分钟就完成约 1.6 千米赛程的人的经历的叙述。

班尼斯特描述了赛跑时的一次卓越体验，他回忆道："有一种新鲜的韵律进入到我的体内，我发现自己与自然融合为全新的整体，对自己动作的意识不复存在。我找到了新的能量及美感的来源，一种我从未梦想过会存在的来源。"

福流的特质

珍妮·纳卡穆拉（Jeanne Nakamura）和契克森米哈赖一起陈列了一个任务应具有的两种以便触发福流状态的条件。

挑战和能力之间要保持平衡，以使得你会感到你正在接受一场将提升你的挑战，但并没有达到强度极限。

清晰的短期目标或里程碑，以使得你能从自己的进步中获得即时的、持续的反馈。

纳卡穆拉和契克森米哈赖也陈列了福流状态的 6 种特征。

极度专注于你此时此刻所做的事情上。

行动和意识的合并。

失去反射式的自我意识，在这一任务中"迷失自我"。

控制感，以使得你知道自己能处理好接下来所出现的任何事物。

时间体验扭曲失真。通常，你会有一种在不经意间时间就已快速流逝的感觉。

有一种觉得这次体验本质上就是奖赏的感觉。换句话说，为了这种感觉是值得这么做的，最终目标可能只是被当成一个参与任务的借口，实际上是为了享受那种感觉。

福流是重要的，它是快乐的起因，同时与快乐有着相关关系。契克森米哈赖将福流状态视为一种高峰体验，它会产生一种深入且真正的心满意足，根据积极心理学的观点，这是真正的快乐的特征。他也将福流视为人格和生活方式的自然结果，它与理想状态心理学之间有着最强有力的联系。

那些守承诺的、有创造力的，且不局限于狭隘的个人感觉而是以更深入和宽广的方式与他们所处的社群激情和谐共处的人，才是那种真正快乐的人。

所以，我们能从理想状态心理学中学到的其中一点就是"认识你自己"的重要性，也就是说要探寻并理解你自己的心理学，并且由此引申向一般层面上的人类心理学。从这个意义上来说，本书能作为一个帮助你优化自身心理幸福感的工具，但愿也能作为一个跳台，帮助你更全面且深入地探索由心理学世界所提供的无数重要且吸引人的见解。